Материалы II международной научно-практической конференции

Актуальные направления фундаментальных и прикладных исследований

10-11 октября 2013 г.

Москва

УДК 4+37+51+53+54+55+57+91+61+159.9+316+62+101+330

ББК 72

ISBN: 978-1493532971

В сборнике представлены материалы докладов II международной научно-практической конференции " Актуальные направления фундаментальных и прикладных исследований "

Все статьи представлены в авторской редакции.

© Авторы научных статей

Содержание
Архитектура

Крюкова Т.О
К ВОПРОСУ О РЕКОНСТРУКЦИИ КУЛЬТУРНОГО ЛАНДШАФТА ГОРОДА 1

Биологические науки

Мухин Е.М., Прохорова А.М., Спирин М.Е., Федоров А.И.
ИЗУЧЕНИЕ ВЛИЯНИЯ ПСИХОФИЗИОЛОГИЧЕСКИХ ОСОБЕННОСТЕЙ МОЛОДЫХ ВОДИТЕЛЕЙ НА СОВЕРШЕНИЕ ИМИ НАРУШЕНИЙ ПРАВИЛ ДОРОЖНОГО ДВИЖЕНИЯ И ДОРОЖНО-ТРАНСПОРТНЫХ ПРОИСШЕСТВИЙ 5

Bolotova Ya.V.
KARYOLOGICAL STUDY OF AQUATIC PLANTS IN THE AMUR REGION 9

Кулагин Н.В., Архипова Н.С.
ВЛИЯНИЕ ОРГАНО-МИНЕРАЛЬНЫХ ДОБАВОК НА БИОДЕГРАДАЦИЮ АЛИФАТИЧЕСКИХ И АРОМАТИЧЕСКИХ УГЛЕВОДОРОДОВ В ВЫЩЕЛОЧЕННОМ ЧЕРНОЗЕМЕ 11

Геолого-минералогические науки

Покровский М.П.
О ВОЗМОЖНОСТИ ИНТЕГРАЦИОННОГО ПОДХОДА К КЛАССИФИКАЦИИ ГОРНЫХ ПОРОД И МЕСТОРОЖДЕНИЙ ПОЛЕЗНЫХ ИСКОПАЕМЫХ 16

Исторические науки

Гайсина Ф.Ф.
ЗАПРЕТЫ БАШКИР, СВЯЗАННЫЕ С ТОТЕМНЫМИ ЖИВОТНЫМИ И ПТИЦАМИ 20

Медицинские науки

Колобовникова Ю.В., Уразова О.И., Новицкий В.В.
ИЗМЕНЕНИЕ АДГЕЗИВНЫХ СВОЙСТВ ЭОЗИНОФИЛЬНЫХ ГРАНУЛОЦИТОВ ПРИ ТУБЕРКУЛЕЗЕ ЛЕГКИХ 26

Потупчик Т.В., Эверт Л.С., Паничева Е.С., Аверьянова О.В.
ГЕМОДИНАМИЧЕСКИЕ ПОКАЗАТЕЛИ В ПРОЦЕССЕ АДАПТАЦИИ ПЕРВОКЛАССНИКОВ К ШКОЛЕ 28

Бирулина Ю.Г., Гусакова С.В., Ковалев И.В., Марченко А.С., Смаглий Л.В.
РЕЛАКСИРУЮЩЕЕ ДЕЙСТВИЕ МОНООКСИДА УГЛЕРОДА НА СОКРАТИТЕЛЬНУЮ АКТИВНОСТЬ СОСУДИСТЫХ ГЛАДКИХ МЫШЦ В УСЛОВИЯХ ГИПОКСИИ-РЕОКСИГЕНАЦИИ 32

Содержание

Серая А.Е., Ефимова Е.Ю.
ВЗАИМОСВЯЗЬ ШИРОТНЫХ ПАРАМЕТРОВ ЗУБНЫХ ДУГ ОТ ЛИЦЕВОГО И ЧЕРЕПНОГО ИНДЕКСОВ 35

Марянян А.Ю., Протопопова Н.В.
БЕРЕМЕННОСТЬ И АЛКОГОЛЬ 38

Марянян А.Ю., Протопопова Н.В.
ВЛИЯНИЕ АЛКОГОЛЯ НА ПЛОД 44

Полякова Л.В., Калашникова С.А.
ГИСТОТОПОГРАФИЧЕСКОЕ РАСПРЕДЕЛЕНИЕ ПРОЛИФЕРАТИВНЫХ ЗОН В ТИРЕОИДНОЙ ПАРЕНХИМЕ ПРИ ХРОНИЧЕСКОЙ ЭНДОГЕННОЙ ИНТОКСИКАЦИИ 49

Педагогические науки

Калачева И.В.
ПРОБЛЕМЫ УПРАВЛЕНИЯ И РАЗВИТИЯ СИСТЕМЫ ВЫСШЕГО НЕГОСУДАРСТВЕННОГО ОБРАЗОВАНИЯ В СОВРЕМЕННОЙ РОССИИ 52

Кулиш И.А.
ИСПОЛЬЗОВАНИЯ ИНТЕРАКТИВНЫХ ТЕХНОЛОГИЙ НА УРОКАХ РУССКОГО ЯЗЫКА В НАЧАЛЬНОЙ ШКОЛЕ КАК СРЕДСТВО ПОВЫШЕНИЯ ПОЗНАВАТЕЛЬНОГО ИНТЕРЕСА 59

Пахомова Е.А.
ПРОФЕССИОНАЛЬНОЕ ОБРАЗОВАНИЕ В РОССИИ В УСЛОВИЯХ МОДЕРНИЗАЦИИ: ОРИЕНТАЦИЯ НА ПОТРЕБНОСТИ ОБЩЕСТВА И ЛИЧНОСТИ 63

Клычкова О.В., Ушанов Г.А., Черных А.Т., Федорихин В.В.
ДИНАМИКА РЕКОРДОВ ЕВРОПЫ У ЖЕНЩИН В БЕГЕ НА 100 МЕТРОВ 66

Подкаменная Е.В., Заграйская Ю.С.
ВОЗМОЖНОСТИ ИНТЕГРАЦИИ ИНОСТРАННОГО ЯЗЫКА С ДИСЦИПЛИНАМИ ПРОФЕССИОНАЛЬНОГО ЦИКЛА В КОНТЕКСТЕ НОВОЙ СТУПЕНИ РАЗВИТИЯ ВЫСШЕГО ОБРАЗОВАНИЯ В РОССИИ 71

Психологические науки

Kozhemyakina O.A.
TECHNOLOGY SOCIAL ADAPTATION DISADVANTAGED TEENAGERS 74

Сельскохозяйственные науки

Чекалева А.В., Гуляев Е.Г.
ПРОДЛЕНИЕ ПРОИЗВОДСТВЕННЫХ СРОКОВ ИСПОЛЬЗОВАНИЯ КУР-НЕСУШЕК 76

Тедтова В.В., Смелков З.А.
ЭКОЛОГИЧЕСКАЯ ХАРАКТЕРИСТИКА КОРМОВ И ИХ ВЛИЯНИЕ НА РОСТ И РАЗВИТИЕ БЫЧКОВ ГЕРЕФОРДСКОЙ ПОРОДЫ 84

Содержание

Социологические науки

Устинова О.В., Ракша И.Р.
РОЛЬ ГОСУДАРСТВЕННОЙ ПОДДЕРЖКИ В СТАНОВЛЕНИИ СОЦИАЛЬНО ОТВЕТСТВЕННОГО ПРЕДПРИНИМАТЕЛЬСТВА 87

Устинова О.В., Осипова Л.Б.
ОСОБЕННОСТИ УПРАВЛЕНИЯ ВОСПРОИЗВОДСТВОМ НАСЕЛЕНИЯ 90

Технические науки

Комаров С.Ю.
СИСТЕМЫ ЭЛЕКТРОННОЙ НАУЧНОЙ ПУБЛИКАЦИИ: ОПЫТ ЗАПАДА 93

Кривошеин И.Л., Козлов А.Л.
ПОИСК МЕСТА ОДНОФАЗНОГО ЗАМЫКАНИЯ НА ЗЕМЛЮ В СЕТЯХ ВОЗДУШНЫХ ЛИНИЙ 6-10 КВ 99

Фомин Е.В., Фомин А.В.
ПРИЧИНЫ, ПРИВОДЯЩИЕ К УХУДШЕНИЮ РЕЖУЩИХ СВОЙСТВ РЕЗЬБОВЫХ РЕЗЦОВ И СПОСОБЫ ИХ УСТРАНЕНИЯ 102

Горинов Н.А., Чегесов О.Б.
ПРОБЛЕМА БЫСТРОГО ИЗВЛЕЧЕНИЯ ПРОСТРАНСТВЕННЫХ ДАННЫХ ИЗ ХРАНИЛИЩА 107

Зиганшин А.М., Самиева А.Ж., Минязова Р.И.
КОМПЬЮТЕРНОЕ МОДЕЛИРОВАНИЕ ТЕЧЕНИЯ В КАНАЛАХ С ОСТРЫМ ОТВОДОМ 109

Красных А.А. НОВЫЕ ЭЛЕКТРОЗАЩИТНЫЕ СРЕДСТВА И УСТРОЙСТВА КОНТРОЛЯ ОПАСНЫХ ФАКТОРОВ 112

Есипенко Д.Ю.
МОДЕЛИРОВАНИЕ СИСТЕМЫ ДЛЯ РЕШЕНИЯ ЗАДАЧ ОРГАНИЗАЦИИ ОБРАЗОВАТЕЛЬНОГО ПРОЦЕССА 114

Володин А.А., Лубенцова Е.В.
ИНТЕЛЛЕКТУАЛЬНАЯ СИСТЕМА СТАБИЛИЗАЦИИ ТЕМПЕРАТУРНОГО РЕЖИМА БИОПРОЦЕССА 117

Хилюк А.В., Рогов В.А.
ВЗАИМОДЕЙСТВИЕ ЭЛЕКТРОСТАТИЧЕСКОГО ПОЛЯ И АДСОРБЕНТОВ ПРИ ОЧИСТКЕ ПРИРОДНОЙ ВОДЫ ДЛЯ ПИТЬЕВЫХ НУЖД 121

Костромин С.В., Беляев Е.С.
СТРУКТУРА И СВОЙСТВА СТАЛИ 12Х18Н10Т ПОСЛЕ ЛАЗЕРНОЙ ПОВЕРХНОСТНОЙ ОБРАБОТКИ 127

Содержание

Гордиенко Л.А., Евдокимов И.А., Куликова И.К., Горлачева С.В.
СКВАШИВАНИЕ МОЛОКА ПРОБИОТИЧЕСКИМИ КУЛЬТУРАМИ ПРИ ПРОИЗВОДСТВЕ КИСЛОМОЛОЧНЫХ ПРОДУКТОВ ФУНКЦИОНАЛЬНОГО НАЗНАЧЕНИЯ 130

Slesarenko I.B., Slesarenko I.V.
FEATURES OF SOLAR WATER HEATING PLANTS MODELING 134

Фармацевтические науки

Шейкин В.В., Болтрушевич А.В.
ТЕХНОЛОГИЯ ИММОБИЛИЗАЦИЯ ЛЕКАРСТВЕННОГО СРЕДСТВА НА ТИТАНОВЫХ ИМПЛАНТАТАХ С КАЛЬЦЕФОСФАТНЫМ ПОКРЫТИЕМ 137

Физико-математические науки

Нефедов В.В., Филиппычев Д.С.
О ПРИМЕНЕНИИ МЕТОДА ПОГРАНИЧНОЙ ФУНКЦИИ В ЗАДАЧЕ «ПЛАЗМА-СЛОЙ» 142

Alexander Toschev, Max Talanov
COMPUTATIONAL EMOTIONAL THINKING MODEL 145

Филологические науки

Федюковский А.А.
К ВОРОСУ ОБ ЭТИМОЛОГИЧЕСКОМ АСПЕКТЕ ТЕРМИНОДИДАКТИКИ 148

Гузикова В.В.
ЛИНГВО-СЕМИОТИЧЕСКИЙ АСПЕКТ ЭРГОУРБОНИМОВ г. ЕКАТЕРИНБУРГА 151

Лапухина М.А.
СЕМАНТИКО-СТИЛИСТИЧЕСКИЕ ОСОБЕННОСТИ ФРАЗЕОНОМИНАЦИЙ В ТЕЛЕ- И РАДИОДИСКУРСЕ 156

Субботенко С.С.
ПЕРЕДАЧА РАЗГОВОРНОГО СТИЛЯ ПОЭЗИИ В.С. ВЫСОЦКОГО В ПЕРЕВОДАХ НА НЕМЕЦКИЙ ЯЗЫК (НА МАТЕРИАЛЕ СТИХОТВОРЕНИЯ «МИЛИЦЕЙСКИЙ ПРОТОКОЛ») 161

Носкова А.И.
ФОРМЫ ПРИВЕТСТВИЯ И ОБРАЩЕНИЯ КАК ВЫРАЖЕНИЕ ОСОБЕННОСТЕЙ КУЛЬТУРЫ (на примере вокабуляра представителей стран Латинской Америки) 165

Khubbitdinova N.A.
FOLK MOTIFS IN TURKISH AND MEDIAEVAL TURKIC LITERATURE URAL-VOLGA REGION 175

Экономические науки

Лаптев А.А.
ПОВЕДЕНИЕ ПОТРЕБИТЕЛЕЙ: ОСОБЕННОСТИ ПОТРЕБИТЕЛЬСКОГО ВЫБОРА 179

Содержание

Козырев Н.В.
ПИРАМИДА ЛОЯЛЬНОСТИ КАК ЭФФЕКТИВНЫЙ ИНСТРУМЕНТ МАРКЕТИНГА ВЗАИМООТНОШЕНИЙ 182

Бейбалаева Д.К., Агарагимов М.Ю.
ОСНОВНЫЕ НАПРАВЛЕНИЯ СОВЕРШЕНСТВОВАНИЯ УПРАВЛЕНИЕМ ПЕРЕРАБАТЫВАЮЩИМ КЛАСТЕРОМ АГРОПРОМЫШЛЕННЫМ КОМПЛЕКСОМ В ЭКОНОМИКЕ РЕСПУБЛИКИ ДАГЕСТАН 184

Лукин А.Г.
КЛАССИФИКАЦИЯ ФИНАНСОВОГО КОНТРОЛЯ ПО СТЕПЕНИ ЗАВИСИМОСТИ ОТ ЗАИНТЕРЕСОВАННОГО ПОЛЬЗОВАТЕЛЯ 188

Чеджемов Г.А.
ОСОБЕННОСТИ КОНКУРЕНЦИИ ВУЗА НА РЫНКЕ ОБРАЗОВАТЕЛЬНЫХ   УСЛУГ (РЕГИОНАЛЬНЫЙ АСПЕКТ) 192

Симакова М.Э., Хрысёва А.А.
ВЛИЯНИЕ ПРОЦЕССОВ ГЛОБАЛИЗАЦИИ НА ЭКОНОМИЧЕСКИЙ ПОТЕНЦИАЛ ПРОМЫШЛЕННО-РАЗВИТЫХ СТРАН 196

Звонцова М.А., Хрысёва А.А.
СПЕЦИФИКА ФОРМИРОВАНИЯ СОВРЕМЕННЫХ ВНЕШНЕТОРГОВЫХ ОТНОШЕНИЙ В ГЛОБАЛЬНОЙ ЭКОНОМИКЕ 199

Юридические науки

Тихонова С.С.
К ВОПРОСУ О КРИМИНАЛИЗАЦИИ НАРУШЕНИЙ ПРАВА НА СВОБОДУ ВЕРОИСПОВЕДАНИЙВ РОССИЙСКОЙ ФЕДЕРАЦИИ 202

Павлушина А.А., Ланг П.П.
НЕКОТОРЫЕ ТЕОРЕТИКО-ПРАВОВЫЕ АСПЕКТЫ ПРОИЗВОДСТВА ПО ДЕЛАМ О НЕСОСТОЯТЕЛЬНОСТИ (БАНКРОТСТВЕ) 206

Томилов Н.О.
УЧРЕЖДЕНИЕ КАК ОРГАНИЗАЦИОННО-ПРАВОВАЯ ФОРМА ГОСУДАРСТВЕННЫХ ОРГАНОВ И ОРГАНЫ МЕСТНОГО СМОУПРАВЛЕНИЯ: ПРОБЛЕМЫ НЕСООТВЕТСТВИЯ ФОРМЫ И СОДЕРЖАНИЯ 212

Содержание

Крюкова Т.О

ст.преподаватель, аспирант, кафедра "Ландшафтная архитектура и дизайн", Уральская государственная архитектурно-художественная академия, г.Екатеринбург

К ВОПРОСУ О РЕКОНСТРУКЦИИ КУЛЬТУРНОГО ЛАНДШАФТА ГОРОДА

В настоящее время понятие культурный ландшафт города может быть рассмотрен о как сложный комплекс, состоящий из природных, антропогенных и ряда других составляющих. Так, с точки зрения классического географического подхода, культурный ландшафт - географический ландшафт, измененный в связи с антропогенной нагрузкой и обладающий здоровой средой для жизни человека, освоенное утилитарно, семантически и символически. Объектом исследования в этом случае становится **природа**. Но в современных условиях ландшафт города имеет больше антропогенных и техногенных составляющих и природа в этом контексте может быть рассмотрена как создаваемый элемент с заданными параметрами. Рассмотрение ландшафта с культурологических позиций позволяет трактовать понятие "культурный ландшафт" как сплошную "ткань", территориально и семантически связывающую природные и культурные компоненты (Рисунок 1). В этом случае объектом исследования выступают элементы ландшафтной системы семантически связанные с **культурным наследием**. В этом подходе одной из важнейших частей культурного ландшафта являются те составляющие, которые характеризуют культурный потенциал пространства, сохраняемый в виде материальных объектов, которые в свою очередь являются источниками знаний о человеке, его деятельности, культуре, потенциале и исторических процессах, связанных с развитием региона.

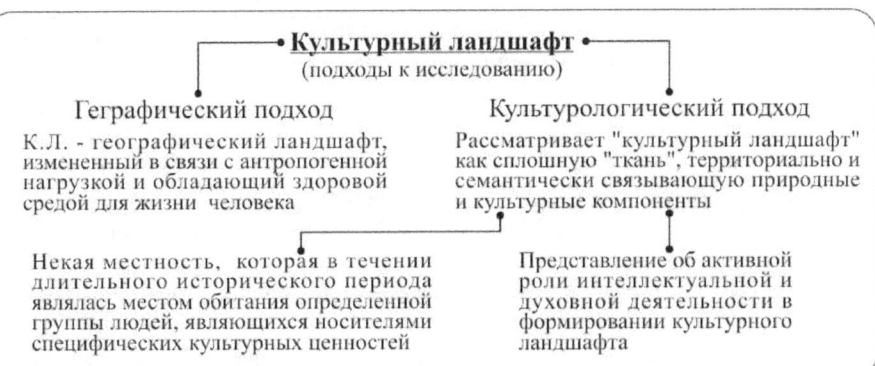

Рисунок 1.Существующие подхолы к исследованию культурного ландшафта.

При изучении культурного ландшафта города более применим пространственный подход. Географ-исследователь А.Г. Исаченко в своих работах утверждал, что главными качествами культурного ландшафта называются: «1) высокая производительность и экономическая эффективность и 2) оптимальная экологическая среда для жизни людей» [1,168].

На основании выше изложенного и в рамках философского анализа культурный ландшафт можно рассматривать с двух позиций: 1) как историко-культурное наследие (ИКН): территория исторических форм строительства и хозяйствования, важных исторических событий; 2) как часть современного жизненного пространства, которая целенаправленно и необратимо видоизменяется человеком [2,155].

В современных условиях необходимо рассмотреть культурный ландшафт, с "историко-культурологических позиций, что может быть использовано как наиболее информативное понятие, учитывающее как существующие, так и существовавшие элементы материального и духовного наследия.

Стремительное развитие городов, новое строительство часто приводят к нарушению исторической среды города, к потере памятников ИКН, а сохраняемая историко-культурная среда со временем требует реконструкции и переосмысления. Между тем, историко-культурная среда играет большую роль в формировании образа города. Образ современного города определяет его имидж, что непосредственно дает возможность в выборе направлений при реконструкции пространств города. При этом возникает необходимость в создании благоприятных условий для экономического и культурного роста города. Формирование современного имиджа диктует необходимость освоения и активного использования в актуальном городском пространстве культурного наследия.

При реконструкции историко-культурной среды города, можно выявить несколько основных аспектов:

- существующие объекты ИКН (охраняемые памятники архитектуры);
- объекты не являющиеся ИКН, но имеющие историко-культурную значимость (театры, музеи, и т.д);
- утраченные объекты ИКН, нуждающиеся в восстановлении;
- и объекты, попадающие под влияние историко-культурных объектов.

Рассматривая историко-культурную среду, как часть современной среды жизнеобитания, необходимо выявить основные типы пространств, где присутствуют различные виды ландшафта: садово-парковый, водный, селитебный, природно-производственный и т.д.

Далее необходимо выделить объекты исследования, определить вид ландшафта, к которому они принадлежат, выявить узлы и точки притяжения (театры, музеи, административные здания, и т.д.), коридоры-связи между этими объектами и их зоны влияния на окружающее пространство.

В процессе реконструкции историко-культурного пространства города необходимо рассматривать памятники и территорию, как единое целое, создавать непрерывную связь между элементами, воспроизводить недостающие фрагменты, прибегая к различным способам, например, к частичной или к частичной реконструкции, но с современной трактовкой.

На рисунке 2 можно видеть зоны влияния на окружающее пространство историко-культурных или культурно значимых объектов города. Эти зоны, как акустическая волна, постепенно растворяются, механически воздействуя на среду. При этом, чем ближе данные зоны к источнику, тем больше сила воздействия.

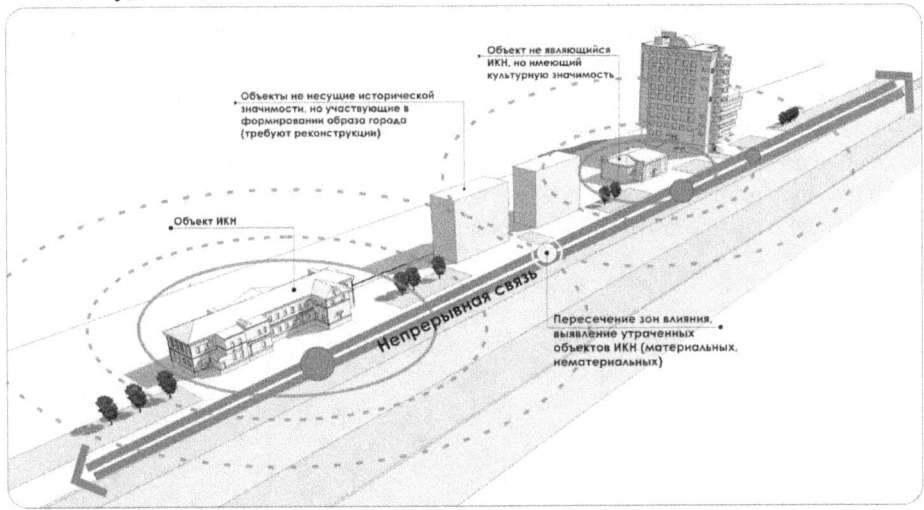

Рисунок 2. Подход к реконструкции историко-культурной среды города.

На территории современного города существуют элементы городского пространства различной значимости, в том числе, и не имеющие статуса исторического памятника, но при этом участвующие в процессе формировании образа среды города.

В процессе реконструкции среды города не всегда удается воссоздать утраченные историко-культурные элементы в первозданном виде, но при современных технологиях возможно их использование в создании виртуальных и символических образов. Использование подобных приемов позволит воссоздать утраченные образы, соответствующие утраченным объектам, семиотически значимые и соответствующие тем или иным историческим событиям. Использование культурологического подхода при формировании концепции реконструкции историко-культурной среды города дает возможность варьировать образы и индивидуальный характер любого крупного административного города на основе его ИКН, что поможет достичь экономической эффективности и эстетической привлекательности.

Литература:

1. Исаченко А.Г. Введение в экологическую географию: Учеб. пособие / А.Г.Исаченко. - СПб.: Изд-во С.-Петерб. ун-та, 2003. - 192 с.

2. Шишкина, А.А. Культурный ландшафт: основные концепции / А.А.Шишкина // Философия. Культурология. - 2011. - №1(21). - С. 151-157.

3. Культурные ландшафты России и устойчивое развитие (семинар «Культурный ландшафт»: четвертый выпуск трудов семинара) / отв. ред. Т.М. Красовская - М.: Географический факультет МГУ. - 2009. - С. 270.

4. Дахин, С.Д. Историко-культурный ландшафт как основа комплексного анализа материального культурного наследия поликультурного региона / С.Д. Дахин // Теория и практика общественного развития. Культурология. - 2012. - №3.

Мухин Е.М.
заместитель начальника ФКУ НИЦ БДД МВД России, Мазур В.А.,
ведущий научный сотрудник ЗСФ ФКУ НИЦ БДД
МВД России
Прохорова А.М.
кандидат биологических наук, доцент, младший научный сотрудник ЗСФ ФКУ НИЦ БДД МВД России
Спирин М.Е.
старший научный сотрудник ЗСФ ФКУ НИЦ БДД МВД России
Федоров А.И.
доктор биологических наук, директор ГУО Кемеровский областной психолого-валеологический центр

ИЗУЧЕНИЕ ВЛИЯНИЯ ПСИХОФИЗИОЛОГИЧЕСКИХ ОСОБЕННОСТЕЙ МОЛОДЫХ ВОДИТЕЛЕЙ НА СОВЕРШЕНИЕ ИМИ НАРУШЕНИЙ ПРАВИЛ ДОРОЖНОГО ДВИЖЕНИЯ И ДОРОЖНО-ТРАНСПОРТНЫХ ПРОИСШЕСТВИЙ

Известно, что условия жизни, воспитания, трудовая деятельность существенно влияют на формирование и развитие многих качеств личности, однако некоторые из них имеют природную обусловленность. В связи с этим в процессе психофизиологического отбора и ориентации дается оценка как достаточно биологически устойчивых функций, так и изменяющихся в процессе жизнедеятельности индивида. Основные свойства нервной системы вместе со свойствами психофизиологических функций являются одним из важных факторов формирования индивидуальных особенностей трудовой деятельности человека [1, 2, 3, 4].

Результаты анализа причин возникновения ДТП и их последствий отечественными и зарубежными исследователями показывают, что большая часть ДТП обусловлена ошибочными действиями водителей (80 – 90 %). Такая статистика позволяет сделать вывод, что главным элементом, с точки зрения безопасности дорожного движения, является именно водитель, а не другой фактор дорожного движения. Водитель воспринимает необходимую информацию об условиях движения, окружающей обстановке, перерабатывает ее и воздействует на автомобиль (или другое транспортное средство) через органы управления. От точности, быстроты, надежности действий водителя, мастерства, его личных качеств, навыков и зависит безопасность дорожного движения.

Целью настоящего исследования явилось изучение влияния психофизиологических особенностей молодых водителей со стажем вождения до 3 лет на совершение ими нарушений правил дорожного движения и дорожно-транспортных происшествий.

Объектом исследования были выбраны кандидаты в водители, обучающиеся в автошколах в возрасте от 16 до 58 лет в количестве 500 человек. Психофизиологическое обследование включало оценку: 1. функционального состояния нервной системы: латентного периода простой (ПЗМР) и сложной (СЗМР) зрительно-моторной реакций; 2. индивидуально-типологических свойств нервной системы: уровня функциональной подвижности (УФП) нервных процессов; работоспособности головного мозга (РГМ); уравновешенность нервных процессов (РДО); 3. индивидуальных особенностей развития отдельных психических функций: кратковременной памяти, внимания. Проводился анализ аварийности водителей прошедших психофизиологическое обследование. Реализация психофизиологических методик проводилась с помощью автоматизированной программы «Статус ПФ» [5].

Анализ количества совершённых административных правонарушений и дорожно-транспортных происшествий (ДТП) у обследованных кандидатов в водители, уже получивших водительское удостоверение, позволил разделить их на 3 группы: 1 группа – водители, не имевшие правонарушений; 2 группа – водители, имевшие нарушения ПДД, но без совершения ДТП; 3 группа – водители, имевшие нарушения ПДД с совершением ДТП.

Проведённый статистический анализ позволил увидеть, что 33% обследованных кандидатов в водители с момента получения водительского удостоверения (стаж вождения не превышал 8 месяцев) совершили нарушения правил дорожного движения (ПДД). Из них 4% совершили грубые нарушения ПДД (управление транспортным средством в нетрезвом состоянии, отказ от медицинского освидетельствования, выезд на полосу встречного движения, и т.д.) и 4% явились виновниками в совершении ДТП.

Анализируя основные психофизиологические показатели водителей 2 и 3 групп, получены следующие результаты: в среднем 15% имеют показатели памяти ниже нормы, 90% водителей характеризуются низким уровнем объема внимания. Среди показателей нейродинамической сферы наиболее информативными оказались сила нервных процессов и зрительно-моторная реакция. Латентный период ЗМР имеет значение адекватного показателя функционального состояния нервной системы. Низкий уровень зрительно-моторной реакции характеризует 76% водителей, имевших нарушения ПДД, но без совершения ДТП, а в группе водителей, имевших нарушения ПДД с совершением ДТП этот показатель увеличивается и составляет 100%, то есть это те люди, которые не могут быстро реагировать на возникшую аварийную ситуацию. По уровню силы нервных процессов выделены две группы водителей - с низким (70%) и средним уровнем по данному показателю. Эти люди характеризуются: быстрой утомляемостью, необходимостью в дополнительных перерывах для отдыха, резким снижением продуктивности работы на фоне отвлекающих факторов и помех, неспособностью распределить внимание между несколькими делами одновременно (низким уровнем перераспределения внимания). В ситуациях напряженной деятельности снижается эффективность работы, возникает тревога, неуверенность.

Среди показателей, характеризующих нейродинамические функции, обнаружены наиболее достоверные различия по работоспособности головного мозга (сила нервных процессов), двигательно-координационным реакциям (выносливость) и простым сенсомоторным реакциям.

В качестве психофизиологического критерия, косвенно характеризующего эффективность выполняемой человеком работы, мы использовали показатели времени сенсомоторных реакций. Поскольку время простой сенсомоторной реакции является интегральным показателем скорости проведения возбуждения по различным элементам рефлекторной дуги. Однако основную роль играет проведение возбуждения по центральным структурам, что, по мнению ряда авторов, позволяет рассматривать время ПЗМР в качестве критерия возбудимости и лабильности ЦНС, достаточно адекватного показателя функционального состояния нервной системы.

Изучение простой зрительно-моторной реакции кандидатов в водители позволило установить, что данный показатель достоверно ниже в 3 группе, что отражает более низкую функциональную активность звеньев рефлекторной дуги у водителей, имевших нарушения ПДД с совершением ДТП. Чем меньше времени затрачено на выполнение теста, тем совершеннее функционирование нервной системы. Этот показатель является важным для динамического контроля за функциональным состоянием ЦНС, и удлинение времени реакции говорит о снижении функциональной активности ЦНС.

Осуществление простых реакций может происходить без особого участия сознания (ПЗМР), а выполнение сложной реакции выбора (СЗМР) связано с аналитико-синтетической деятельностью, то есть с центральной обработкой информации, которая включает не только восприятие и ответ, но и анализ, переработку, принятие решения. Самые высокие значения показателя СЗМР регистрируются опять же в группе водителей, имевших нарушения ПДД с совершением ДТП, в условиях выбора им требуется большее количество времени для принятия решения. Также у них достоверно ниже уровень силы нервных процессов, что свидетельствует о низкой работоспособности и высокой утомляемости.

Полученные данные свидетельствуют о важной роли индивидуальных психофизиологических особенностей, в частности уровня работоспособности головного мозга, сенсомоторных реакций, уравновешенности нервных процессов в приобретении и практическом использовании навыков профессиональной деятельности водителей.

Психофизиологические свойства человека могут количественно выражать профессионально важные качества и для многих типов профессиональной деятельности обладают достаточно высокой прогностической ценностью. Лишь комплексное изучение индивидуальных особенностей будущих водителей может охарактеризовать профессиональный статус обучающихся [6].

Таким образом, проведенное исследование показывает, что психофизиологические особенности личности водителя влияют на вероятность дорожно-транспортного происшествия с его участием и могут являться маркерами риска возникновения ДТП. Данные показатели могут дать прогноз, позволяющий определить склонность к совершению ДТП для каждого водителя, и они, равно как и аварийность, не зависят от стажа и опыта вождения, поскольку являются индивидуальной характеристикой личности.

Внедрение методологии тестирования индивидуальной психофизиологической предрасположенности к совершению дорожно-транспортных происшествий еще на этапе обучения является прогрессивным, инновационным решением в системе организации безопасности движения.

Литература:

1. Гуревич К.М. Профессиональная пригодность и основные свойства нервной системы. - М.: Наука, 1970. - 272 с.
2. Макаренко Н.В. Роль функциональной подвижности нервных процессов в формировании психофизиологических функций и значение их в надежности операторской деятельности: Автореферат дисс... докт. биол. наук, Киев, 1987. - 40 с.
3. Небылицын В.Д. Основные свойства нервной системы человека М.: Просвещение, 1966. - 384 с.
4. Шафран Л.М., Псядло Э.М. Теория и практика профессионального психофизиологического отбора моряков. - Одесса, 2008. - 292 с.
5. Иванов В.И., Литвинова Н.А., Березина М.Г. Оценка психофизиологического состояния организма человека («Статус ПФ») // Свидетельство об официальной регистрации программы для ЭВМ №2001610233 от 5.03.2001. - М.: Роспатент – 50 с.
6. Мухин Е.М., Прохорова А.М., Спирин М.Е., Гоздок В.А., Мазур В.А., Федоров А.И. Совершенствование системы подготовки водителей транспортных средств, с учетом психофизиологических особенностей обучающихся // Профессиональное образование в России и за рубежом, Кемерово, 2013. - №1 (9). - С.83-87.

Bolotova Ya.V.
Ph. D. of biology, Amur branch of Botanical Garden-Institute of FEB RAS
yabolotova@mail.ru

KARYOLOGICAL STUDY OF AQUATIC PLANTS IN THE AMUR REGION

The number of chromosomes is an important source of information on taxonomic diversity, karyotaxonomic situation in kinship groups, karyological polymorphism, taxons of hybrid origin, karyogeography, ploidy levels in the species in a variety of environmental conditions. [5, 72].

Karyological study of the flora of the Amur region has begun periodically since the 70's of the XX century. And only in recent years it has become concrete. According to the data available, flora of the Amur region counts about 300 species with chromosome numbers determined on local material from which the greatest number of definitions applies to the representatives of the families Poaceae, Asteraceae, Ranunculaceae. The group of aquatic plants (hydrophytes) of the Amur region in karyological relation is poorly studied, the available information is scattered and relates mainly to chromosome numbers determination in a small number of the most common species from different habitats. There are no data on the chromosome numbers throughout the ranges of species.

Currently there are 69 species of 31 genus and 24 families of hydroflora in the Amur region [1, 63]. The feature of the regional hydroflora is the diversity of taxons that are closely related in their origin to the East and South-East Asia (Cabombaceae, Trapellaceae, Nelumbonaceae, etc.). There is a northern boundary of distribution of many species in the region. Until recently, the chromosome number of hydrophytes, defined on the local material, was known only for 5 species: *Nymphoides peltata* (S.G. Gmel.) O. Kuntze (2n=54), *Thacla natans* (Pall. ex Georgi) Deyl et Soják (2n=32), *Sagittaria natans* Pall. (2n=22), *Sagittaria trifolia* L. (2n=22), *Hydrilla verticillata* (L. fil.) Royle (2n=16) [2, 208; 3, 1586, 1589; 4, 1701]. During the current year the list grew up to 17 species: *Caldesia reniformis* (D. Don) Makino (2n=22), *Callitriche palustris* L. (2n=20), *Aldrovanda vesiculosa* L. (2n=24), *Myriophyllum ussuriense* (Regel) Maxim. (2n=21), *Lemna minor* L. (2n=20), *Spirodela polyrhiza* (L.) Schleid. (2n=40), *Caulinia minor* (All.) Coss. et Germ. (2n=24), *Najas major* All. (2n=12), *Nuphar pumila* (Timm) DC. (2n=34), *Nymphaea tetragona* Georgi (2n=28), *Potamogeton octandrus* Poir. (2n=28), *Potamogeton perfoliatus* L. (2n=26) [6, 533].

Taking into consideration the significant level of obscurity on chromosome numbers for hydrophytes of the Amur region, further research on their karyotype on local materials is necessary, especially for rare and endangered species as well as for species that are on the boundary of the range.

References

1. Bolotova Ya.V. Vodnie rasteniya Amurskoi oblasti: vidovoi sostav, rasprostranenie, voprosi ohrani. – Saarbrucken: LAP Lambert Academic Publishing AG & Co. KG, 2011. – 104 s. (in russian)

2. Probatova N.S., Butch T.G. *Hydrilla verticillata* (Hydrocharitaceae) na sovetskom Dal'nem Vostoke // Bot. zhurn., 1981. – T. 61. – № 2. – S. 208-214. (in russian)

3. Probatova N.S., Sokolovskaya A.P. Hromosomnie chisla nekotorih vidov vodnoi i pribrezhnoi flori Priamur'ya v svyazi s osobennostyami ee formirovaniya // Bot. zhurn., 1981. – T. 66. – № 11. – S. 1584-1594. (in russian)

4. Probatova N.S., Sokolovskaya A.P. Hromosomnie chisla predstavitelei semeistv Alismataceae, Hydrocharitaceae, Hypericaceae, Juncaginaceae, Poaceae, Potamogetonaceae, Ruppiaceae, Sparganiaceae, Zannichelliaceae, Zosteraceae s Dal'nego Vostoka SSSR // Bot. zhurn., 1984. – T. 69. – № 12. – S. 1700-1702. (in russian)

5. Probatova N.S., Shatohina A.V. Kariologicheskie issledovaniya zlakov (Poaceae) v basseine Amura // Global'nie izmeneniya klimata i evolyuciya ekosistem Baikala i prilezhaschih territorii: proshloe, nastoyaschee, buduschee: Tez. mezhdunar. simpoziuma (Irkutsk – pos. Bol'shie Koti (oz. Baikal), 10-16 sentyabrya, 2007). – Irkutsk: Izd-vo Irkut. gos. un-ta, 2007. – S. 72-73. (in russian)

6. Shatohina A.V., Bolotova Y.V. Chisla hromosom nekotorih vidov gidrofil'noi flori v Amurskoi oblasti // Bot. zhurn., 2013. – T. 98. – № 4. – S. 533-541. (in russian)

Биологические науки

Кулагин Н.В.
аспирант, Казанский федеральный университет, г. Казань
Архипова Н.С.
доцент, к.б.н., Казанский федеральный университет, г. Казань
e-mail: Kulagin.N.V@gmail.com

ВЛИЯНИЕ ОРГАНО-МИНЕРАЛЬНЫХ ДОБАВОК НА БИОДЕГРАДАЦИЮ АЛИФАТИЧЕСКИХ И АРОМАТИЧЕСКИХ УГЛЕВОДОРОДОВ В ВЫЩЕЛОЧЕННОМ ЧЕРНОЗЕМЕ[1]

Нефтепродукты являются широко распространенными загрязнителями окружающей среды, прежде всего – почвы. Загрязнение почв нефтяными углеводородами (УВ) приводит к нарушению и выведению земель из сельскохозяйственного оборота. Естественное восстановление таких почв происходит очень медленно, поэтому в современных экологических условиях актуальным является применение методов стимуляции процесса биоремедиации. Среди них – повышение активности аборигенной микрофлоры почвы, путем изменения ее физико-химических свойств. Также известно, что растения участвуют в процессе ремедиации загрязненных почв (фиторемедиация). Кроме того, по состоянию растений можно оценить степень токсичности таких почв.

В соответствии с этим **целью данной работы** являлось исследование влияния торфа и смеси торф-песок и торф-кора, а также эффекта присутствия растений на микробиологическую активность загрязненной УВ почвы и степень деградации поллютантов.

Материалы и методы исследования
Исследовали выщелоченный чернозем (ВЧ), в качестве загрязнителей использовали УВ: алифатический - н-тридекан (ТД) – и ароматический – псевдокумол (ПК) (температура кипения 235,4 и 169,3 °C соответственно) в концентрации 1 вес.%. В качестве контроля изучали незагрязненную почву без растений и добавок. Для исследования влияния различных добавок в почву вносили низинный торф в расчете 10% от массы абс. сух. почвы и смеси торф (5%)-песок(5%) и торф(5%)-кора(5%), а также во все сосуды - аммиачную селитру в концентрации 0,6 N г/кг почвы, как дополнительный источник азотного питания. Загрязненную почву выдерживали в закрытых сосудах в течение 2 недель для установления равновесия в системе «почва – УВ». Семена вики посевной (*Vicia sativa L.*) высевали в сосуды с почвой с добавками и без них. Длительность эксперимента составляла 60 суток с учетом времени загрязнения почвы.

Определяли общее число микроорганизмов (КОЕ/ 1 г абс. сухой почвы) поверхностным посевом на накопительную среду МПА;

---
[1]Работа выполнена при поддержке гранта РФФИ №09-04-01553

численность аэробных углеводородокисляющих почвенных микроорганизмов - (УОМ/ 1 г абс. сухой почвы) методом посева на агаризованной синтетической питательной среде [3;5]; скорость дыхания необогащенной почвы (базальное - V_{basal}) и обогащенной глюкозой в концентрации 10% (субстрат-индуцированное дыхание - V_{sir}) по скорости продуцирования CO_2 на хроматографе «Кристаллюкс 4000» оснащенном насыпной хроматографической колонкой; остаточное содержание УВ в почве - методом газожидкостной хроматографии. Устойчивость растений *Vicia sativa L.* к УВ загрязнению определяли по накоплению воздушно-сухой надземной и корневой биомассы. Статистическую обработку результатов проводили с использованием встроенных средств MS Excel.

Результаты и их обсуждение

1. Фитотоксичность почвы, загрязненной экзогенными углеводородами

Токсичность исследованных УВ можно сравнить по влиянию их на продуктивность биомассы *Vicia sativa L.* (рис.1).

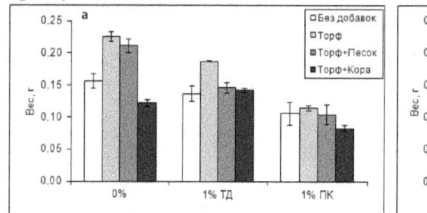 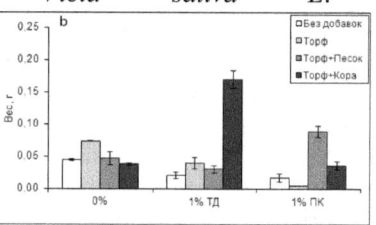

Рис. 1. Биомасса *Vicia sativa L.* в незагрязненной и загрязненной экзогенными УВ почве (a - надземная, b - корневая)

Надземная биомасса снижалась относительно контроля как в вариантах с ТД (на 12,6%), так и с ПК (на 32,3 %). Внесение торфа и торфо-песчаной смеси приводило к стимуляции накопления надземной биомассы: соответственно на 43% и 34% в варианте без загрязнения, на 36 и 6% на фоне ТД, на фоне ПК биомасса увеличивалась только с добавлением торфа на 8%. В варианте торф-кора, при внесении смеси в незагрязненную почву снижение биомассы составило 22% относительно контроля, а на фоне ТД наблюдали увеличение надземной на 4,1%.

Ингибирующее действие УВ на рост корней было существенно выше, чем на надземную биомассу и составляло на фоне ТД и ПК соответственно 54 и 61% относительно незагрязненного варианта. В вариантах с добавками на фоне ТД наблюдали достоверное повышение продуктивности биомассы корней относительно вариантов без добавок. Наибольший рост был отмечен при добавлении торф-кора (в 8 раз); на фоне ПК наибольший положительный эффект наблюдали при внесении торф-песок, тогда как простое внесение торфа приводило к обратному эффекту и снижало корневую биомассу в 5 раз по сравнению с контролем.

В целом, фитотоксичность почвы с ПК была выше, а эффект внесения добавок ниже, чем в вариантах с ТД. В наших предыдущих исследованиях [1;4] было показано, что скорости сорбции ПК и ТД на поверхности почвенных частиц близки по значениям и не могут быть причиной выявленных различий в токсичности. Однако ПК обладает большей, нежели ТД, растворимостью в воде, что и могло привести к его более сильному токсическому эффекту.

2. Микробиологическая активность ВЧ.

Ведущую роль в восстановлении загрязненной УВ почвы играют микроорганизмы. Загрязнение почвы УВ привело к увеличению числа **КОЕ** в 4,4 и 1,6 раза относительно контроля (почва без УВ и добавок), в вариантах с ТД и ПК соответственно. Также наблюдали аналогичное увеличение числа **УОМ** в 3,5 и 3,2 раза соответственно.

Внесение добавок существенно повышало как общую численность микроорганизмов (КОЕ), так и численность УОМ. Максимальный положительный эффект наблюдали в вариантах с внесением торфа, смеси торф-песок и торф-кора под посевы вики. Это свидетельствует о создании оптимальных условий для развития микробоценоза и согласуется с полученными нами (рис.2) результатами изучения респираторной активности ВЧ.

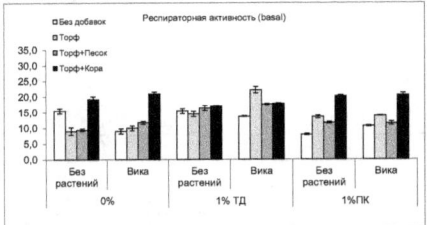 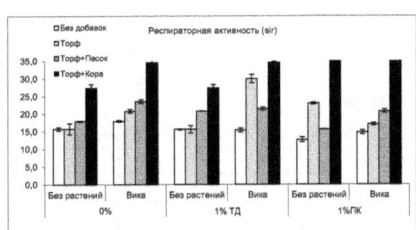

Рис.2. Респираторная активность ВЧ, зягрязненного экзогенными УВ (a - V_{basal}, b - V_{sir})

Из рис. 2а видно, что значение V_{basal} на фоне УВ (без добавок и растений) в варианте с ТД не изменялось, а в варианте с ПК даже снижалось более чем в 2 раза относительно контроля. В вариантах с внесением органно-минеральных добавок наблюдали достоверную стимуляцию респираторной активности почвы.

Субстрат-индуцированное дыхание (V_{sir}) (рис.2 б) возрастало в вариантах с внесением торфа, торфо-песчаной смеси и особенно смеси торф-кора на фоне УВ и без них, в вариантах с растениями показатели были выше, чем без растений. Ризосферный эффект – увеличение респираторной активности почвенной микрофлоры под растениями по сравнению с почвой без растений был отмечен нами ранее [4], а также отмечается в литературе [7;8; 13].

Известно, что активность почвенных микроорганизмов определяется не только наличием органического вещества (углерода как источника питания), но и рядом физико-химических параметров [11]. Органно-минеральные добавки на основе торфа улучшают аэрацию и увеличивают способность удержания влаги почвой [9]. Высокая общая полярность торфа и его потенциальных питательных веществ хорошо подходит для процессов биоремедиации [12].

3. Биодеградация экзогенного ТД в почве.

Как следствие повышения численности УОМ и их активности, биодеградация УВ (в частности ТД) была выше, в среднем на 20%, в вариантах с органно-минеральными добавками (табл.1) как под посевами вики, так и без растений. С другой стороны, выращивание вики в загрязненной УВ почве без добавок тормозило биодеградацию ТД по сравнению с контролем (степень деградации – 60%).

В литературе есть данные, что между растениями и УОМ может быть конкуренция, так как среди элементов питания, обеспечивающих рост УОМ, важнейшими являются источники азота и фосфора [10], как и для растений. По нашим наблюдениям, на фоне загрязнения почвы УВ корни вики развивались очень плохо и корневых клубеньков с азотфиксирующими бактериями у них не было, в отличие от контрольного варианта.

Таблица 1
Остаточное содержание экзогенных УВ и степень их деградации в ВЧ

Остаточное содержание УВ, %	1%ТД	Степень деградации УВ, %	1%ТД
Без добавок	23,79	Без добавок	76,21
Без добавок+вика	40,16	Без добавок+вика	59,84
Торф	3,70	Торф	96,30
Торф+Вика	2,63	Торф+Вика	97,37
Торф+песок	7,16	Торф+песок	92,84
Торф+песок+вика	2,35	Торф+песок+вика	97,65
Торф+кора	13,20	Торф+кора	86,80
Торф+кора+вика	7,83	Торф+кора+вика	92,17

Таким образом, выщелоченный чернозем обладает высоким потенциалом самоочищения, особенно в отношении ТД. Благодаря аэративной и мелиоративной функции органно-минеральных добавок и внесения азота как дополнительного источника питания, создаются наиболее благоприятные условия для эффективного функционирования почвенного микробного сообщества и биодеградации экзогенных УВ. Использование растений в целях фиторемедиации загрязненной УВ почвы, имеет смысл лишь после внесения сорбентов, мелиорантов и дополнительного источника азота.

Список литературы:

1. Бреус И.П. Сорбция летучих органических загрязнителей почвы// Почвоведение .- 2006.- №12 – С. 1413-1426.
2. Денисова-Кривошеева А.П. Исследование влияния удобрений, мелиорантов и устойчивых растений на биодеградацию экзогенных углеводородов в почве/А.П. Денисова-Кривошеева, А.Ф. Хайруллина, Н.С. Архипова, И.П. Бреус//Современные проблемы загрязнения почв.- Материалы 2-ой Международной научной конф.-М: 2007.- С.271-275.
3. Колешко, О.И. Экология микроорганизмов почвы /О.И. Колешко. – Лабораторный практикум. - Минск: Высшая школа, 1981. – 175 с.
4. Кулагин Н.В. Оценка фитотоксичности УВ разной химической природы при их прямом контакте с семенами и опосредованно через почву/Н.В. Кулагин, Н.С. Архипова, И.П. Бреус //Вестник ТГГПУ. – 2011.-№4(26).- С. 70-75.
5. Методы почвенной микробиологии и биохимии /Под ред. Д.Г. Звягинцева - М.: Наука: 1991 - с.7, 27.
6. Amadi A. Remediation of oil polluted soils: 1.Effect of organic and inorganic nutrient supplements on the performance of maize (Zea may L.) / A.Amadi, A. Dickson A., G.O. Maate // Water, Air and Soil Pollut. – 1993. V. 66. – P.59-76.
7. Atlas R.M. Bioremediation of petroleum pollutants [Text] / R.M. Atlas // Int. Biodatarior. Biodegrad. - 1995. – V. 35. – С. 317-327.
8. Cunningham S.D. Promises and Prospects of Phytoremediation. / S.D. Cunningham, D.W. Ow // Plant Physiology. - 1996. V.110. - P. 715-719.
9. Godoy-Faundez A. Bioremediation of contaminated mixtures of desert mining soil and sawdust with fuel oil by aerated in-vessel composting in the Atacama Region (Chile) [Text]/ A. Godoy-Faundez, B. Antizar-Ladislao, L. Reyes-Bozo, A. Camano, Saez-Navarrete C // Journal of Hazardous Materials – 2008. – V.151 – P. 649-657.
10. Harayama S. Petroleum biodegradation in marine environments [Text] / S. Harayama [et al.] // J. Mol. Microbiol. Biotechnol. – 1999. – V. 1, N 1. – P. 63-70.
11. Horel A. Investigation of the physical and chemical parameters affecting biodegradation of diesel and synthetic diesel fuel contaminating Alaskan soils/A. Horel, S. Schiewer // Cold Regions Science a. Technology, 2009. -.Vol. 58.- № 3.-P.113-119.
12. Martin A.M. Biological degradation of wastes. Elsevier Applied Science, London, 1991. – P. 341–362.
13. Palmroth M.R.T. Phytoremediation of subarctic soil contaminated with diesel fuel / M.R.T. Palmroth, J. Pichtel, J.A. Puhakka //Bioresource Technology. – 2002. V. 84. – P. 221–228.

Покровский М.П.
доцент, кандидат геол.-мин. наук, старший научный сотрудник,
Институт геологии и геохимии УрО РАН, Екатеринбург, Россия
pokrovsky@igg.uran.ru

О ВОЗМОЖНОСТИ ИНТЕГРАЦИОННОГО ПОДХОДА К КЛАССИФИКАЦИИ ГОРНЫХ ПОРОД И МЕСТОРОЖДЕНИЙ ПОЛЕЗНЫХ ИСКОПАЕМЫХ

1. Классификация – своего рода квинтэссенция науки, отражение наиболее фундаментальных её основ. Развитая классификация, как правило, иерархична. В ходе развития науки она системно эволюционирует, при этом наиболее устойчивыми у неё оказываются верхние уровни, представляющие своего рода парадигму отражаемой ею науки. Например, в классификации месторождений полезных ископаемых (МПИ) в 1791 ~ 1893 г.г. преобладает деление МПИ на первичные и вторичные, 1893 ~ 1918 г.г. представляют переходный период, с ~ 1918 г. поныне преобладает деление МПИ на эндогенные, экзогенные, метаморфогенные [6, 126]. Нами предлагается обобщённый (интеграционный) подход к классификациям горных пород (ГП) и МПИ *на верхних уровнях* этих *классификаций*.

2. Классификации ГП и МПИ методологически и содержательно связаны своими объектами классификации: и по понятиям этих объектов (содержание понятий ГП и МПИ в значительной мере «перекрываются»), и по их генезису (и ГП, и МПИ формируются процессами из одного и того же природного набора). Поэтому неудивительно, что классификации ГП и МПИ имеют сходную историю развития: до начала 20 в. и для ГП, и для МПИ главным было деление на первичные и вторичные, с начала 20 в. – ГП – на магматические, осадочные, метаморфические, а МПИ – аналогично – на эндогенные, экзогенные, метаморфогенные. Схоже и современное состояние классификаций ГП и МПИ – *общих* классификаций (классификаций *всех*) ГП и МПИ нет, есть классификации лишь отдельных (пусть и очень крупных) групп этих объектов [5; 9; 3; 10; 11 и др.]. При этом наиболее широкие перечни подразделений ГП и МПИ приводятся лишь в учебниках, но там они не обосновываются как *классификации*, а приводятся обычно как данность (иногда – с апелляцией к традиции и общепринятости).

3. Причины отсутствия классификаций «всех» ГП и МПИ – в преобладании тенденции дифференциации науки на современном этапе развития геологии. В целом процессы дифференциации и интеграции в истории науки уравновешивают друг друга, гипертрофия одной из них – негативное явление. Однако временами одна из тенденций может превалировать (до того момента, когда она начнёт компенсироваться

противоположной тенденцией). Ныне в геологии безусловно преобладает тенденция дифференциации. Например, Петрографический кодекс 1995 года рассматривал 2 группы пород (магматические и метаморфические) [4], Петрографический кодекс 2008 года – 6 (магматические, осадочно-вулканогенные, метаморфические, метасоматические образования, мигматиты, импактные образования) [5]. В кодах классификатора РФФИ 2011 года предусматриваются следующие рубрики: литология (05-122), петрология магматических пород (05-131), петрология метаморфических и метасоматических пород (05-132); геология нефти и газа (05-142), геология и генезис рудных месторождений (05-144), геология и генезис неметаллических полезных ископаемых (05-145). В этом перечне не предусматриваются вопросы, *общие* для геологии и генезиса *всех* горных пород и *всех* МПИ. Тем более – вопросов, общих для геологии и горных пород и МПИ, как ставится задача здесь. Противодействием преобладающей сейчас в геологии тенденции дифференциации знания («знать всё больше о всё меньшем») в русле рассматриваемой проблематики было бы решение трёх генеральных задач: 1) создание единой классификации (всех) ГП, 2) создание единой классификации (всех) МПИ и при этом 3) решение обеих названных задач в едином ключе. Пока что эти задачи актуальны и в принципе решаемы лишь для верхних уровней классификаций ГП и МПИ.

4. Предлагается следующий обобщающий (интеграционный) подход к классификации ГП и МПИ на верхних уровнях такой классификации.

4.1. Как и при создании любой классификации любых объектов необходимо предусматривать существование сложных, комбинаторных, полигенных и т.п. объектов, сначала разрабатывать классификацию «базовых» типов «простых» объектов и лишь на основе этого – классификацию «сложных».

4.2. Основными перспективными направлениями разработки общих классификаций ГП и МПИ можно считать 1) генезис, 2) агрегатное состояние вещества, 3) пространственный масштаб объектов и 4) уровни организации вещества [7; 8]. Наиболее разработанными – тем более, для верхних уровней классификации – являются вопросы генезиса классифицируемых объектов.

4.3. В качестве основного генетического подразделения геологических объектов предлагается их подразделение на **природные – техногенные – сложного генезиса** (*техногенно-природные*, возникшие за счёт воздействия природных процессов на техногенный субстрат, и *природно-техногенные*, возникшие за счёт воздействия техногенных процессов на природный субстрат); **природных** – в свою очередь – на *космогенные – геогенные – сложные природные* (*космогенно-геогенные*, возникшие за счёт воздействия геологических факторов на космическое вещество, оказавшееся на Земле, и *геогенно-космогенные*, возникшие за счёт воздействия космических факторов на земное вещество (например, импактные образования)).

4.4. **Геогенные объекты** могут быть подразделены на *эндогенные* (*эндопротогенные* – объекты «рождённые» в эндогенных условиях, и *эндометагенные* – объекты, возникшие за счёт преобразования в эндогенных условиях ранее образованных объектов) и *экзогенные* (*экзопротогенные* – объекты, «рождённые» в экзогенных условиях, и *экзометагенные* – объекты, возникшие за счёт преобразования в экзогенных условиях ранее образованных объектов). В соответствии с этим **геогенные ГП** предлагается делить на *эндогенные* (эндолиты) – магматические и метаморфические s.l. (эндогенные метаморфические) и *экзогенные* (экзолиты) – осадочные и породы коры выветривания (экзогенные метаморфические). **Геогенные МПИ** – соответственно – на *эндогенные* – сингенетические (магматические) и эпигенетические (гидротермальные, метаморфогенные) и *экзогенные* – сингенетические (осадочные) и эпигенетические (месторождения коры выветривания).

4.5. Такое 4-членное деление и ГП, и МПИ имеет исторические корни и прецеденты [1; 2; 12 и др.]. Оно хорошо адаптируется для наглядного графического отображения рециклинга вещества в петро- и рудогенезе. Главные трудности перехода от ныне принятого 3-членного деления ГП и МПИ к предлагаемому 4-членному кроются, во-первых, в необходимости преодоления традиции, насчитывающей около 100 лет, и, во-вторых, в социально-организационной сфере науки. В России существуют специальные научные подразделения, в ведении которых находятся разработки (в частности – классификация и номенклатура) в области эндолитов и экзолитов (Межведомственные петрографический и литологический комитеты соответственно), но нет научной структуры, перед которой можно было бы ставить вопрос о выработке единого подхода к классификации всех горных пород. Здесь же ставится вопрос об общности подхода не только ко всем породам, но и к горным породам и МПИ.

4.6. Вместе с тем логика развития геологии как науки говорит о естественности и органичности перехода от существующего 3-членного деления ГП и МПИ к предлагаемому 4-членному. Такой переход отвечал бы известному в методологии науки «принципу соответствия», ибо предлагаемое 4-членное деление ГП и МПИ включает в себя и 100-летнее деление их на первичные и вторичные, и последовавшее за ним почти 100-летнее их деление на эндо-, экзо-, метаморфогенные со снятием нелогичности последнего. Возможен и предположительный прогноз времени такого перехода. Сходство развития классификаций ГП и МПИ, отмеченное выше (п.2), позволяет использовать закономерности развития классификаций МПИ для такого прогноза. Низкочастотная ритмика исторического развития классификаций МПИ (п.1) позволяет предполагать начало очередного этапа их развития ок. 2020 г. Экстраполяция более высокочастотной (~53-летней) ритмики (рубежи стабильного состояния классификаций МПИ, сменяющиеся их эволюционной перестройкой, – ~ 1852, 1905, 1959 [6, 124]) позволяет предполагать этот рубеж в ~2013 г. Таким образом, в интервале ~ 2013-2020 г.г. можно ждать начала нового (25-летнего?) периода, переходного к установлению третьего в истории классификации ГП и МПИ периода – периода доминирования разделения геологических объектов на (эндогенные – экзогенные) x (сингенетические (первичные) – эпигенетические (вторичные)). И такой переход, как можно думать, произойдёт в силу *объективного* процесса эволюции геологии, независимого от субъективных устремлений и «точек зрения».

Литература

1. Бейли Б. Введение в петрологию. М.: Мир, 1972. 280 с.

2. Бортников Н.С., Бугельский Ю.Ю., Слукин А.Д. и др. Основные аспекты учения о рудоносных корах выветривания в XXI веке // Геология рудных месторождений. 2011. Т.53. № 6. С. 491-505.

3. Классификация и номенклатура метаморфических горных пород. Справочное пособие / Отв. ред. Н.Л.Добрецов, О.А.Богатиков, О.М.Розен. Новосибирск: ОИГГМ СО РАН, 1992. 206 с.

4. Петрографический кодекс. Магматические и метаморфические образования. СПб.: ВСЕГЕИ, 1995. 128 с.

5. Петрографический кодекс России: магматические, метаморфические, метасоматические, импактные образования / Ред. О.А.Богатиков, О.В.Петров. СПб.: ВСЕГЕИ, 2008. 200 с.

6. Покровский М.П. О некоторых результатах анализа и оценки классификаций месторождений полезных ископаемых // Геология и поиски месторождений редких и цветных металлов. Тр. СГИ. Вып.131. Свердловск: СГИ, 1976. С. 118-133.

7. Покровский М.П. О стратегии совершенствования классификации месторождений полезных ископаемых // Изв. УГГУ. Вып. 19. Сер. геология и геофизика. Екатеринбург: УГГУ, 2004. С.15-27.

8. Покровский М.П. О подразделении горных пород на верхних уровнях их классификации // Ежегодник-2009. Тр. ИГГ УрО РАН. Вып. 157. 2010. С.340-344.

9. Систематика и классификация осадочных пород и их аналогов / В.Н.Шванов, В.Т.Фролов, Э.И.Сергеева и др. СПб.: Недра, 1998. 352 с.

10. Смирнов В.И. Геология полезных ископаемых. Учеб. для вузов. М.: Недра, 1989. 326 с.

11. Старостин В.И., Игнатов П.А. Геология полезных ископаемых: Учебник для высшей школы. М.: Академический проект, 2004. 512 с.

12. Экзогенные эпигенетические месторождения урана. Условия образования / Ред. А.И.Перельман. М.: Атомиздат, 1965. 324 с.

Гайсина Ф.Ф.
м.н.с. отдела фольклористики ИИЯЛ УНЦ РАН
gais73@mail.ru

ЗАПРЕТЫ БАШКИР, СВЯЗАННЫЕ С ТОТЕМНЫМИ ЖИВОТНЫМИ И ПТИЦАМИ

Во всех жанрах башкирского народного творчества отражены культы животных и птиц, особое место занимают связанные с ними запреты. Тотемные животные (волк, лошадь, медведь, олень и др.), культ птиц (журавль, лебедь, кукушка и др.) подробно изучены в башкирской фольклористике. А. Инан [17, 113-114], М.М. Сагитов [12, 79], А.Н. Киреев [8, 133-137], Ф.А. Надршина [11, 91-92], А.М. Сулейманов [14, 126-132], Б.Г. Ахметшин [1, 51-55], Г.Р. Хусаинова [16, 165-170], языковед Ф.Г. Хисамитдинова [15, 195-197], археолог В.Г.Котов [9, 116-121], этнографы А.Ф. Илимбетова [5; 6], Ф.Ф. Илимбетов [4, 224-228], в своих работах анализируют культ животных и птиц, раскрывают особенности тотемистического мировоззрения, а в некоторых уделяют внимание и запретам.

Культ священных птиц в практике народных обрядов получает различные мотивации. Запреты действуют с целью не ранить души священных птиц, животных (из необходимости сохранения человеческой жизни и здоровья). В башкирском фольклоре много преданий, где птицы и животные помогали башкирским родам. Например, когда выбирали место для жительства, племена шли за волком или конем, основывали деревни (поселение) в том месте, где они останавливались. В этногенетических преданиях говорится о детеныше медведя, от которого пошел человеческий род. Согласно верованиям, о том что животные понимают человеческий язык, поэтому запрещалось называть животных в целях удачной охоты. Например, медведя называли *бабай* (дед). Это имя используется в качестве аллегории [2, 11-14].

Образ культового коня, красивого и сильного животного, спутника и помощника человека часто используется в преданиях, сказках, легендах, эпосах башкир. [14, 126-132].

Особенности отношения к коню запечатлены в башкирских пословицах: «Не доверяй коню: кто на него заберется, тот и хозяин его», «Не опирайся на лошадиный нрав», «Лошадь не погоняй кнутом, а погоняй овсом». Многие из них получают иносказательный философский контекст. Например, «Не смотри в зубы хорошей лошади», «Не убирай плетку, считая, что у тебя хорошая лошадь», «Не доверяй лошади, отпущенной в степь», «Не ругай худого жеребенка, пройдет весна, лошадью будет», «Коней на середине реки не меняют». «Вышедшую в весну лошадь и в бою не жалей, вошедшую в осень и зятю не отдавай», – здесь имеется в виду, что в одном случае нужна конская худоба, а в другом – упитанность [2, 68-72, 81, 93, 158].

Заверения и предупреждения сформировавшиеся за тысячелетия, воспринимались как обязательные предписания. Нарушение их вело к нежелательным последствиям, иногда к беде.

В легенде «*Йылкысыккан-куль*» (в переводе с башкирского языка означает, «озеро с которого вышли лошади») хозяйка озера, принявшая образ таинственного егета, запрещает охотнику оборачиваться. Нарушивший запрет охотник не получает табун лошадей полностью и в результате половина табуна уходит обратно под воду. В легендах «*Кейәү таш*» («*Камень затя*»), «*Турат сағылы*» («*Дерево коня*») утверждается, что человек не должен видеть крылья крылатого коня Тулпара. Из-за нарушения этого запрета конь умирает от сглаза [2, 68-71]. Так, отношение к запретам часто является сюжетообразующим в мифах, легендах, преданиях и обрядах башкир.

С культом животных у башкир связаны многие верования, приметы и запреты. В древности, в качестве оберега в целях безопасности, и для того, чтобы в доме всегда было изобилие скота, вешали на ворота череп лошади, медведя. С другой стороны, запрещалось держать во дворе останки лошади, домашней птицы, скота, считалось, что богатство уменьшится. Освящение домашней скотины отражено в обычае захоронения останков погибшего скота во дворе, положив головой к сараям (Белорецкий район РБ). Считается, что если похоронить скотину на стороне, это унесет удачу, нанесет вред хозяйству. По нашим наблюдениям, в Салаватском районе, наоборот, погибшую домашнюю скотину хоронят на стороне, т.к. если во дворе есть захоронения, то они привлекут новые жертвы.

Культ волка – один из самых распространенных в мировоззренческой сфере башкир. О волке в народе существуют противоречивые мнения. В этногенетических преданиях, о нем сохранены мотивы как о помощнике, указывающем путь людям, а с другой, волк – хищник, несущий зло человеку и животным. Существуют запреты, превратившиеся со временем в пословицы: «Идешь к волку – не забудь взять собаку», «Волка не испугаешь, кинув в него шапкой», «Овечьей шкурой волка не испугаешь» [2, 129, 135]. Эти высказывания имеют не столько характер конкретных предписаний, сколько представляют философски мудрые изречения.

С изменением человеческого самосознания исчезает и культ птиц и животных, но сохраняются различные запреты, с ними связанные. Например, «нельзя разрушать птичьи гнезда, а то и твою семью (судьбу) раскидает», «нельзя считать диких гусей, счет пропадет», «нельзя убивать грача» и т.д.

Отношение к птицам отражается и в религиозном мировоззрении: «Нельзя убивать грача, так как он указал дорогу пророку Мухаммаду», «Во время свадьбы никах нельзя есть мясо птицы».

В формировании запретов имеет место символизм мышления: «Не дают людям гусиные крылья, везение уйдет. Нужно украсть...». Так оберегаются от «улетучивания» благ.

Существует настороженное отношение к смертоносной символике, останкам животных и т.д.: «В доме не должны лежать останки мертвой птицы: беду зовут».

В народных поверьях и мифах башкир лебедь – священная птица, олицетворяющая любовь, семью, парность, верность, она и символ красоты, чистоты. В запретах, связанных с лебедью в основном имеются ориентиры на магию парности. По преданию, если убить одного из лебедей, второй будет громко звать и искать свою пару и, не выдержав разлуки, бросится оземь или в скалу. Поэтому широко распространены приметы о том, что тот, кто убьет лебедя, будет несчастлив, недолго проживет, его род весь вымрет: «Нельзя стрелять в лебедей, диких гусей, журавлей, падет проклятие со стороны их пары», «Лебедей и журавлей не убивают, иначе беда придет», «Парную птицу нельзя стрелять» и т.д. Эти запреты отразили культово-поклонческое отношение к тотемным птицам.

В легендах-преданиях, мифах и верованиях башкир сохранены мотивы сакрализации водоплавающих птиц. В мифах народов, они действуют как творцы мироздания. В предании *«Аҡҡош атҡан тау»* («Гора застреленного лебедя») также говорится о запрете стрелять в лебедей. В легенде *«Йөгәмеш тауы»* («Гора Югамеша») рука охотника отсыхает от того, что тот застрелил утку – хозяйку озера [2, 50].

В эпосе «Урал-батыр», жена Урала-батыра Хумай – праматерь человеческого рода, она превращается в лебедя и от неё распространяется род башкир. Этим объясняется строгий запрет убивать и есть её мясо.

Существование топонимических легенд-преданий и сохранение связанных с тотемами запретов, примет доказывает, что тотем имеет принадлежность к той или иной территории. В жанрах народного творчества имеются множество мотивов, связанных с культом змеи. Они особенно широко распространены в древних мифологических сюжетах. Сакрализация змеи отмечается учеными-фольклористами. «Змею воспринимали как могущественное существо. Для сохранения дома и дворовых построек от напастей в стародавние времена на забор вешали кожу или зуб змеи. В повседневной жизни отношение к змее было двояким (приносящая счастье или беду, несчастье). В башкирской этнонимической системе одним из показателей этого является вознесение рода змеи (полевая змея, речная змея) в культ, тотем, а с другой стороны, в сказках и в некоторых фантастических рассказах змея представлена как злое существо [11, 138-143].

Нормы и правила по отношению к змее сохранились в запретах: «Нельзя убивать домашнюю змею, род вымрет». Так же в запретах отразилась цветовая символика: «Белую змею, медянку нельзя убивать», «Нельзя допускать в дом красную змею, будет пожар». Все запреты, связанные со змеей, формировались как меры предупреждения и защиты человека от беды.

Ф.Г. Хисамитдинова также отмечает противоречивость образа змеи: с одной стороны, она – источник болезней и смерти, а с другой – змеиный яд, кожа, мясо использовались как лекарство. По её мнению, отрицательное отношение к змее у башкир сложилось после принятия ислама [16, 195-197]. Но на наш взгляд, здесь не учтены некоторые особенности. Ко всем живым существам: людям, животным, природе мусульманская религия требует быть милосердным, не приемлет плохого грубого отношения ко всем божьим созданиям. По нашему мнению, противоречивое отношение в народе к змее – это отражение древних традиций обожествления. Божество всегда воспринимается двояко зависимости от отношения человека. В мифах все тотемные, сакральные существа изначально обозначены противоречивым отношением. Негативное отношение вызывал облик змеи и сила ее укуса, позитивы предопределены её природными качествами, которые человек должен уметь находит.

У башкир с древних времен живет вера в магическую силу кожи змеи, которую широко применяли в заговорах, заклинаниях. Если в глаз попадет соринка, протирали внутренней стороной змеиной кожи, ею лечили и выскочивший в глазу ячмень.

Змея традиционно, рисуется как злое, омерзительное, скользкое существо, а с другой – как полезное, охраняющее от бед, болезней. Учитывается масть, вид змеи и цвет: считалось, что, если во двор забралась красная змея, воспринималась как предупреждение о пожаре (записано в 2007 году от Исламшина Равиля Гарифулловича, 1946 г.р., село Бадряшево Татышлинского района РБ).

Бережное отношение к змее подкреплено в легенде о Всемирном потопе и пророке Ное. Когда мышь прогрызла дно лодки, на котором спасались от наводнения, змея заткнула дыру своим хвостом и тем самым спасла всех от гибели («Пророк Ной и Алпамыша», записано 1996 году от Гайсина Фасхетдина Самсетдиновича, 1935 г.р., д. Мусат Салаватского района РБ).

Многие запреты, связанные со змеей, переходя рамки конкретных предписаний, приобрели формы поговорок: «Не буди спящую змею», «Если убьешь змею, дите не оставляй», «Не наступай на хвост змеи, наступай на голову» [11, 131].

Имеющие отношение к змее эпизоды в жизни становятся знаковыми. Если кто-то, увидев, что змея заглатывает лягушку разнимает их, считается, что у того рука становится целебной. Существует также поверье, что человек, нашедший змеиную кожу, везучий, счастливый, и его руки считаются целебными. «Нашедший змеиную кожу способен заговаривать и лечить болезни, его руки дают исцеление», – говорит Салимова Закия Сахибгареевна (1930 г.р., с. Чебенли Альшеевского района РБ).

Если кому-то на дороге повстречается белая змея (царица змей) и он расстелет перед ней белый платок, она положит туда свой «рог», такой человек будет счастливым. Поэтому запрет убивать белую змею особенно строго соблюдается в народе. Есть приметы, связанные с предупредительной силой священных существ. Убить змею во дворе – это привлечь беду в дом, будет покойник, скотина вымрет. До сих пор существует традиция засовывать за дверную каробку змеиную кожу, чтобы враг или вор не мог войти в дом. Увидеть во сне змею предвещает врага или болезнь.

Змей – священный целитель, предупреждающий об опасности. В статье известного историка Анвара Мулкаманова [10, 21-25] приводится легенда, объясняющая, почему башкирский род носит имя змеи. В одной деревне во время войны мужчины этого рода пошли в наступление на врага, а на их пути оказалась большая черная змея. Она «закрыла» им дорогу, отказываясь пропустить: значит, воинам нельзя было дальше идти. Не понявшие этот предупреждающий знак воины попадают в ловушку хитроумного врага и погибают. Змея спасает только сына главы рода. Так змея в роли спасителя заслужила почтение и уважение со стороны людей.

Следы мифологических, тотемистических воззрений, сохранившись в форме предписаний, запретов и норм поведения, обнаруживают жизненный опыт, особенности развития отношений человека с Природой, окружающей средой. Запреты являются своеобразной очередной ступенью жизни мифов, религиозных представлений.

Литература:

1. Ахметшин Б.Г. Культ птиц в обрядовом фольклоре башкирского народа // Фольклор народов РСФСР. Вып. 5. – Уфа: БашГУ, 1978. – С. 51–55.
2. Башкирское народное творчество. Предания, легенды. 2 т. / Сост., авт.предисл. и коммент. Ф.А. Надршина. – Уфа: Китап, 1997. – 440 с. (на башк.яз.)
3. Баскаков Н.А. Пережитки табу и тотемизма в языках народов Алтая // Советская тюркология. – 1975. – № 2. – С. 3–8.
4. Илимбетов Ф.Ф. Культ волка у башкир // Археология и этнография Башкирии. Т. 4. – Уфа, 1971. – С. 224–228.
5. Илимбетова А.Ф., Илимбетов Ф.Ф. Культ животных у башкир: история и современность. Монография. – Уфа: ИИЯЛ УНЦ РАН, 2009. –

С. 306.

6. Илимбетова А.Ф., Илимбетов Ф.Ф. Культ животных мифоритуальной традиции башкир. 2-е изд., испр. и доп. – Уфа: АН РБ Гилем, 2012. – 704 с.

7. Инан А. Бүре-ҡорт һәм юҡ-хәйер һүҙҙәре хаҡында // Ватандаш. – 1998. – № 6. – С. 113–114.

8. Киреев А.Н. Культ медведя в древних верованиях и отражение его в фольклоре башкирского народа // Фольклор народов РСФСР. – Уфа, 1979. – С.133–137.

9. Котов В.Г. Истоки культа медведя на Урале по данным палеолитического святилища в пещере Заповедная на Южном Урале // Урал-Алтай: через века в будущее: Материалы III Всероссийской тюркологической конференции, посвященной 110-летию со дня рожд. Н.К. Дмитриева. – Уфа, 2008. – С. 116–121.

10. Мөлкәмәнов Ә. Ырыуыбыҙ – йылан // Ватандаш. – 1998. – № 7. С. 21–25.

11. Надршина Ф.А. Почитаемые животные в легендах и обрядах башкир: медведь // Восток в исторических судьбах народов России. Книга 2. Тезисы докладов V Всеросс. съезда востоковедов 26-27 сентября 2006 года. – Уфа, 2006. – С. 91–92.

12. Сагитов М.М. Культ животных в башкирском фольклоре // Исследования по исторической этнографии Башкирии. Уфа, 1984. С. 79.

13. Соколова З.П. Культ животных в религиях. – М.: Наука, 1972. – 214 с.

14. Сөләймәнов Ә.М. Эйәренең ҡашына алмас ҡылыс тағылған // Ватандаш. – 2001. – № 4. – Б.126–132.

15. Хисамитдинова Ф.Г. Змея в традиционной этимологии и лечебной магии башкир // Ватандаш. – 2000. – № 9. – Б. 195-197.

16. Хусаинова Г.Р. Птица в фольклоре тюркских народов // Ватандаш. – 2005. – № 1. – С. 165–170.

Колобовникова Ю.В.[1], Уразова О.И.[2], Новицкий В.В.[3]

[1] - канд. мед. наук, кафедра патофизиологии ГБОУ ВПО СибГМУ Минздрава России;

[2] – профессор, д.-р мед. наук, кафедра патофизиологии ГБОУ ВПО СибГМУ Минздрава России;

[3] – академик РАМН, профессор, д.-р мед. наук, кафедра патофизиологии ГБОУ ВПО СибГМУ Минздрава России.

ИЗМЕНЕНИЕ АДГЕЗИВНЫХ СВОЙСТВ ЭОЗИНОФИЛЬНЫХ ГРАНУЛОЦИТОВ ПРИ ТУБЕРКУЛЕЗЕ ЛЕГКИХ

Актуальность. Эозинофилы входят в клеточный состав гранулемы, формирующейся в легочной ткани при внедрении *M. tuberculosis* [3, 2976]. Привлечение эозинофильных лейкоцитов в очаг гранулематозного воспаления осуществляется при участии хемокиновых рецепторов и молекул адгезии. Посредством селектиновых рецепторов происходит начальное прикрепление к эндотелию и «роллинг» эозинофилов *in vivo*. Прочное связывание и трансмиграция клеток через сосудистый эндотелий обеспечивается молекулами адгезии семейства β_2-интегринов (CD11a/CD18 (Mac-1) и CD11b/CD18 (LFA-1)) и β_1-интегринов (VLA-4), а также CD9 (семейство тетраспанинов) [2, 452].

Цель. Оценить экспрессию молекул адгезии (CD9 и CD18) на мембране эозинофильных гранулоцитов у больных туберкулезом легких (ТЛ).

Материал и методы: В программу исследования вошли 35 больных (мужчин и женщин) с впервые выявленным распространенным деструктивным ТЛ: 16 пациентов с ТЛ, сопровождающимся эозинофилией, и 19 больных ТЛ без эозинофилии в возрасте от 18 до 55 лет. Группу сравнения (контроль) составили 12 здоровых доноров, сопоставимых по полу и возрасту. Набор материала для исследования у больных ТЛ во всех случаях проводили до начала специфической противотуберкулезной терапии. Материалом исследования служила венозная кровь. Для определения уровня экспрессии CD9 и CD18 на мембране эозинофильных гранулоцитов, предварительно выделенных на прерывистом градиенте плотности Percoll (р=1,133 г/л) («Sigma Life Science», США), применяли метод проточной цитометрии с использованием меченых моноклональных антител к соответствующим рецепторным структурам. Измерения производили на проточном цитофлуориметре FACSCalibur («Becton Dickinson», США). Результаты исследования обрабатывали с использованием стандартного пакета программ Statistica 6.0.

Результаты. Проведенное *in vitro* исследование уровня экспрессии молекул CD9 и CD18 (общая субъединица Mac-1, LFA-1 и CR4) на эозинофилах, выделенных из крови больных ТЛ, позволило констатировать достоверное увеличение абсолютного и относительного количества CD18-позитивных клеток у больных ТЛ с эозинофилией и без таковой. Количество эозинофилов, несущих молекулу CD9, у всех больных соответствовало контрольным значениям. При этом у пациентов с ТЛ, сопровождающимся эозинофилией, содержание CD18-экспрессирующих эозинофилов достоверно превышало аналогичный параметр у больных без эозинофилии. Это может быть связано со способностью эозинофил-активирующих цитокинов, в частности IL-5 (концентрация которого оказалась повышенной у больных ТЛ с эозинофилией) усиливать экспрессию на мембране эозинофилов Mac-1 и LFA-1, имеющих общую субъединицу (CD18) [1, 87].

Усиление адгезивных свойств эозинофильных гранулоцитов при ТЛ (особенно в сочетании с эозинофилией крови) обусловливает дальнейшую аккумуляцию этих клеток в очаге гранулематозного воспаления с последующей реализацией их микробицидного потенциала.

Литература

1. Blanchard C., Rothenberg M.E. Biology of the eosinophil. Adv Immunol. - 2009. - Vol. 101. - P. 81-121.

2. Curran C.S., Bertics P.J. Lactoferrin regulates an axis involving CD11b and CD49d integrins and the chemokines MIP-1α and MCP-1 in GM-CSF-treated human primary eosinophils / J. Interferon Cytokine Res. - 2012. - Vol. 32(10). - P. 450-461.

3. Kirman J., Zakaria Z., McCoy K. Role of eosinophils in the pathogenesis of Mycobacterium bovis BCG infection in gamma interferon receptor-deficient mice / J. Infect. Immun. - 2009. - Vol. 68(5). - P. 2976-2978.

Потупчик Т.В., Эверт Л.С., Паничева Е.С., Аверьянова О.В.

Сведения об авторах: Потупчик Татьяна Витальевна – ГБОУ ВПО «Красноярский государственный медицинский университет имени проф. В.Ф Войно-Ясенецкого» МЗ РФ, email: potupchik_tatyana@mail.ru; Эверт Лидия Семеновна – д.м.н., ФГБУ «НИИ медицинских проблем Севера» СО РАМН; Паничева Елена Сергеевна – к.м.н., ГБОУ ВПО «Красноярский государственный медицинский университет имени проф. В.Ф Войно-Ясенецкого» МЗ РФ, Аверьянова Ольга Васильевна – МБУЗ «Родильный дом №4» отделение УЗД №1

ГЕМОДИНАМИЧЕСКИЕ ПОКАЗАТЕЛИ В ПРОЦЕССЕ АДАПТАЦИИ ПЕРВОКЛАССНИКОВ К ШКОЛЕ

Начало систематического обучения в школе является одним из кризисных этапов в развитии ребёнка, влечёт за собой серьёзные изменения образа жизни и требует большого напряжения функционирования всех систем организма. Адаптационный период сопровождается различными сдвигами в функциональном состоянии детей [1,3,49,52]. Эффекторной системой, реализующей тот или иной ответ организма, является, прежде всего, сердечно-сосудистая система, которая наиболее чутко реагирует на весьма незначительные неблагоприятные воздействия, поскольку ей принадлежит роль индикатора адаптационно-приспособительных реакций [4,19].

Особенности возрастного этапа 6-7 лет проявляются в изменениях во всех сферах. Высокое функциональное напряжение, которое испытывает организм первоклассника, определяется тем, что интеллектуальные и эмоциональные нагрузки сопровождаются длительным статическим напряжением, связанным с сохранением определенной позы ребенка при работе в классе. Период адаптации у первоклассников характеризуется низким и неустойчивым уровнем работоспособности, очень высоким уровнем напряжения сердечно-сосудистой, симпатоадреналовой системы. [2,5,30,57]. Несоответствие требований и возможностей ребенка ведет к неблагоприятным изменениям центральной нервной системы, к резкому падению учебной активности, к снижению работоспособности и выраженному утомлению. Адаптационный период первоклассников сопровождается снижением функциональных резервов сердечно-сосудистой системы [7,77]. В основе формирования функциональных отклонений в младшем школьном возрасте лежат нарушения вегетативной регуляции [6,8,30,65].

Материалы и методы

Обследовано 302 школьника первого года обучения одной из гимназий г. Красноярска, условия обучения в которой характеризуются высоким уровнем информационных нагрузок. Относительно прогноза течения адаптации все обследованные дети перед поступлением в школу были разделены на 3 группы: 1 группа – с благоприятным прогнозом адаптации, 2 группа – со среднеблагоприятным и 3 группа – с неблагоприятным прогнозом адаптации. Обследование детей в гимназии проводилось дважды: в начале и в конце первого года обучения с использованием анкетирования родителей и клинического осмотра. Определение функционального состояния сердечно-сосудистой системы осуществлялось путем измерения артериального давления; проведения ортостатической пробы; подсчета индекса Робинсона (ЧСС*САД/100), позволяющего судить о регуляции деятельности сердечно-сосудистой системы и характеризующего работу сердца.

Для оценки состояния адаптации организма к окружающей среде проводился подсчет индекса функциональных изменений (ИФИ). Регистрация электрокардиограммы (ЭКГ) осуществлялась с использованием электрокардиографа «Cardiofax AK 631-Д» (Япония). Особенности церебрального кровообращения у обследованных детей оценивались по показателям реоэнцефалографии (РЭГ), функциональное состояние организма ребенка в процессе адаптации (вегетативный баланс, степень напряжения регуляторных систем) оценивались по показателям кардиоритмографии (КРГ) с применением компьютерно-программного реокардиографического комплекса «Мицар-РЕО». Полученные результаты подвергнуты статистической обработке на персональном компьютере с применением ППП «Statistika 5.5 for Windows». Проведен корреляционный и регрессионный анализ.

Результаты и обсуждение

Анализируя показатели систолического артериального давления (САД) в группах с различным прогнозом адаптации, было выявлено, что к концу учебного года имело место увеличение числа учащихся с повышенными показателями САД в группе с благоприятным и, особенно, с неблагоприятным прогнозом течения адаптации. Кроме того, в конце 1 года обучения отмечалось увеличение числа учащихся с повышенными показателями ДАД в группе со среднеблагоприятным и незначительно - с неблагоприятным прогнозом течения адаптации.

В группе с благоприятным прогнозом адаптации у большинства детей отмечено оптимальное восстановление показателей гемодинамики в ходе выполнения ортостатической пробы – у 72,0% детей в сравнении с 11,1% в группе с неблагоприятным прогнозом адаптации ($p<0,0001$), в группе со среднеблагоприятным прогнозом адаптации оптимальное восстановление показателей гемодинамики отмечалось у 66,7% первоклассников. В группе с благоприятным прогнозом адаптации большинство детей отличались низкими значениями индекса Робинсона – 73,5% против 23,5% – у детей с неблагоприятным прогнозом ($p=0,0001$), что свидетельствовало о высоких аэробных возможностях и удовлетворительной адаптации детей к школе.

У детей с неблагоприятным прогнозом адаптации чаще регистрировались номотопные нарушения ритма сердца по типу синусовой тахикардии (40,0%, p1-3=0,0006), синусовой аритмии (p1-3=0,0163), характеризующие вегетативные нарушения.

Среди первоклассников с неблагоприятным прогнозом адаптации выявлено преобладание симпатического отдела ВНС на регуляцию сердечного ритма, о чем свидетельствовали средние значения показателя Мо – 0,60 у детей с неблагоприятным прогнозом адаптации против 0,62 – в группе с благоприятным и 0,63 мс – со среднеблагоприятным прогнозом адаптации (p1-2=0,0431, p2-3=0,0431) и средние величины показателя LF/HF: 2,13 – в группе с благоприятным прогнозом адаптации, 2,74 – в группе со среднеблагоприятным прогнозом (p1-2=0,3452) и 4,67 – в группе с неблагоприятным прогнозом (p1-3=0,2249, p2-3=0,0431). Напряженное функционирование ВНС у детей со среднеблагоприятным прогнозом адаптации подтверждалось более высокими значениями интегрального показателя – индекса напряжения (ИН): 636,2 – у детей со среднеблагоприятным и 229,9 – у детей с благоприятным прогнозом адаптации (p1-2=0,0277).

Наиболее частыми нарушениями церебрального кровообращения у детей с неблагоприятным прогнозом адаптации было наличие дистонических изменений сосудов по гипертоническому типу – в 50,0% случаев (p1-3=0,0225).

У первоклассников с неблагоприятным прогнозом адаптации напряжение адаптивных механизмов по данным ИФИ (22,2%, p1-3=0,1210, p2-3=0,0327) и неудовлетворительное состояние адаптации (18,5%, p1-3=0,0117, p2-3=0,0637) встречалось чаще, чем в других группах. Состояние адаптации у детей со среднеблагоприятным и благоприятным прогнозом адаптации чаще характеризовалось как удовлетворительное (81,0, 76,8 и 55,6%, p1-3=0,0040, p2-3=0,0312).

Выводы

Оптимальный уровень адаптации характеризовался наименьшими значениями индекса Робинсона, адекватным восстановлением гемодинамики в ходе выполнения ортостатической пробы. При неблагоприятном прогнозе адаптации в 40,0% случаев диагностирована синусовая тахикардия, у 80,0% детей – синусовая аритмия, отражающая преобладание симпатического отдела ВНС в регуляции сердечного ритма, которое подтверждено достоверно более высокими значениями интегрального показателя активности LF/HF – 4,67 в сравнении с 2,74 – при среднеблагоприятном и 2,13 – благоприятном прогнозе адаптации.

Напряженное функционирование ВНС у детей со среднеблагоприятным прогнозом адаптации подтверждалось более высокими значениями интегрального показателя – индекса напряжения. По данным ИФИ у первоклассников с неблагоприятным прогнозом адаптации напряжение адаптивных механизмов и неудовлетворительное состояние адаптации встречалось чаще, чем в других группах.

Установлены корреляционные взаимосвязи прогноза адаптации детей к школе с уровнем артериального давления и индексом Робинсона. Одним из критериев неблагоприятного прогноза течения адаптации у младших школьников являются низкие значения показателя мощности в диапазоне медленных волн (LF, мс) в период восстановления ортостатической пробы, отражающие нарушение адаптации (ДК=12, ОШ=292,54).

Литература

1. Адаптационное состояние детского организма как индикатор неблагоприятного влияния окружающей среды / Н. А. Мешков, С. И. Иванов, Е. А. Вальцева [и др.] // Гигиена и санитария. – 2007. – № 5. – С. 52-53.
2. Басманова, Е. Д. Состояние здоровья и проблемы школьной адаптации первоклассников / Е. Д. Басманова, В. П. Вавилова // Вопросы современной педиатрии. – 2003. – Т. 2. – Прил. № 1. – С. 30
3. Гордиец, А. В. Состояние здоровья первоклассников и особенности их адаптации к школьному обучению / А. В. Гордиец // Рос. педиатр. журн. – 2010. – № 6. – С. 49-52.
4. Звездина, И. В. Функциональное состояние сердечно-сосудистой системы детей в динамике обучения в начальной школе / И. В. Звездина, Н. С. Жигарева, Л. А. Агапова // Рос. педиатр. журн. – 2009. – № 2. – С. 19-23.
5. Особенности адаптированности детей к факторам среды обитания и критерии их оценки / А. Г. Сетко, Н. П. Сетко, Т. М. Макарова [и др.] // Гигиена и санитария. – 2005. – № 6. – С. 57-58.
6. Похачевский, А. Л. Изучение вариабельности ритма сердца при нагрузочном тестировании / А. Л. Похачевский // Кардиология. – 2010. – № 1. – С. 29-35.
7. Псеунок, А. А. Адаптивные возможности сердечно-сосудистой системы детей, обучающихся по новым образовательным программам / А. А. Псеунок // Педиатрия. – 2005. – № 6. – С. 77-79.
8. Спицин, А. П. Вариабельность сердечного ритма в условиях нервно-психического напряжения / А. П. Спицин, Т.А. Спицина // Гигиена и санитария. – 2011. - №4. – С. 65-68.

Бирулина Ю.Г.[1], Гусакова С.В.[2], Ковалев И.В.[3], Марченко А.С.[4], Смаглий Л.В.[5]

[1]-аспирант кафедры патофизиологии, [2]-доцент, д-р мед. наук, [3]-профессор, д-р мед. наук, [4]-интерн, [5]-интерн
Сибирский государственный медицинский университет, г. Томск
E-mail: birulina20@yandex.ru

РЕЛАКСИРУЮЩЕЕ ДЕЙСТВИЕ МОНООКСИДА УГЛЕРОДА НА СОКРАТИТЕЛЬНУЮ АКТИВНОСТЬ СОСУДИСТЫХ ГЛАДКИХ МЫШЦ В УСЛОВИЯХ ГИПОКСИИ-РЕОКСИГЕНАЦИИ

Гипоксия является ведущей патогенетической составляющей различных нозологических форм и определяет тяжесть течения многих заболеваний, а также их исход [2,23;9,616]. Гипоксией сопровождаются все виды дыхательной и сердечно – сосудистой недостаточности, кровопотеря, ишемия миокарда, нарушение мозгового или периферического кровообращения, термические и механические травмы [3,84].

Комплексная терапия при ишемических поражениях различных органов направлена, прежде всего, на нормализацию кровотока и, соответственно, усиление оксигенации тканей [2,25]. Несмотря на то, что гипоксия и гипероксия тканей являются диаметрально противоположными процессами, механизмы метаболических расстройств, возникающих при этом, по существу во многом аналогичны таковым в условиях ишемии тканей или гипоксии другого генеза и являются их логическим продолжением и усугублением [6,229].

В настоящее время актуальной является проблема детализации механизмов и поиска оптимальных путей коррекции гипоксических состояний. Большие надежды связывают с выяснением роли монооксида углерода (CO) в условиях ишемии и последующей реперфузии тканей [4,227;8,616-622;10,4].

Таким образом, уточнение механизмов действия гипоксии и реоксигенации на клетки различных органов и тканей, а также поиск новых эффективных способов фармакологической регуляции данных состояний, связанных с развитием кислородной недостаточности, стали одними из ведущих направлений фундаментальной и прикладной медицины.

Целью нашей работы явилось: исследовать влияние монооксида углерода (CO) на сократительную активность сосудистых гладких мышц (СГМ) в условиях гипоксии-реоксигенации. Условия гипоксии создавали путем пропускания азота через растворы тестируемых соединений в течение 30 минут. В гипоксическом растворе напряжение кислорода не превышало 5-10%. Реоксигенация (восстановление нормального напряжения кислорода в растворе) достигалась сменой гипоксического раствора на физиологический раствор с нормальным содержанием кислорода. После моделирования гипоксии или реоксигенации, методом механографии (механографическая установка Myobath II и аппаратно-программного обеспечения LAB-TRAX-4/16 (Германия)) изучали сократительную активность гладкомышечных сегментов аорты беспородных белых крыс-самцов. Амплитуду сократительных ответов на действие тестируемых соединений рассчитывали в процентах от амплитуды контрольного сокращения, индуцированного α_1-адреномиметиком фенилэфрином (ФЭ, 1 мкМ). Донором СО служил CORM II (tricarbonyldichlororuthenium(II)-dimer) [8,615].

В условиях гипоксии как и в условиях реоксигенации происходило статистически значимое уменьшение амплитуды сократительного ответа, вызванного действием 1мкМ ФЭ: механическое напряжение составило 72,73±11,01% (n=6, p<0,05) и 58,13±12,6% (n=6, p<0,05) от контрольного сокращения в условиях нормоксии, соответственно.

В условиях нормоксии на фоне сокращения, вызванного 1 мкМ ФЭ, добавление CORM II в концентрациях от 1 до 1000 мкМ приводило к дозозависимому расслаблению гладкомышечных сегментов, при этом расслабление, близкое к полумаксимальному, наблюдалось в ответ на действие 10 мкМ CORM II. Добавление 10 мкМ CORM II в перфузионный раствор в условиях гипоксии (рис. 1, а) статистически значимо снижало амплитуду сокращения, вызванного ФЭ, до 67,96±6,07% (n=6, p<0,05), а в условиях реоксигенации (рис. 1, б) до 48,05±3,01% (n=6, p<0,05) по сравнению с ФЭ – индуцированным сокращением в условиях гипоксии или реоксигенации, соответственно.

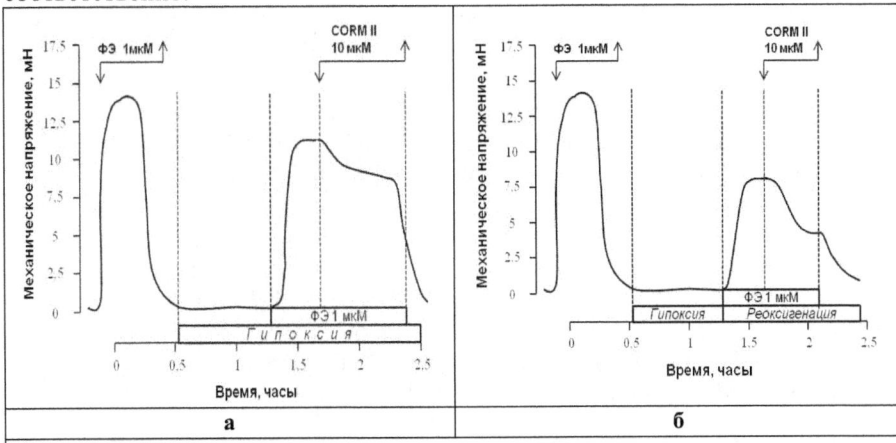

Рис. 1. Влияние CORM II на механическое напряжение гладкомышечного сегмента аорты крысы, предсокращенного фенилэфрином (1 мкМ) в условиях гипоксии (а) и реоксигенации (б). По оси ординат – механическое напряжение (мН). По оси абсцисс – время (часы). Стрелками показано добавление и удаление соответствующих растворов.

Таким образом, действуя в условиях гипоксии-реоксигенации, монооксид углерода вызывает расслабление гладкомышечных клеток сосудов, что, в свою очередь, приводит к вазодилатации. Механизм, через который реализуется данный эффект СО, может быть связан как с повышением калиевой проводимости мембраны гладких мышц (открывание Ca^{2+}-зависимых калиевых каналов) [7,241], так и активацией гуанилатциклазы [1,30;5,6]. Но, чтобы точнее ответить на этот вопрос нужны дальнейшие исследования.

Литература

1. Коржов В.И., Видмаченко А.В., Коржов М.В. Монооксид углерода // Журнал АМН Украины. 2010. Т.16, №1. С.23-37.
2. Чеснокова Н П., Понукалина Е.В., Бизенкова М.Н. Современные представления о патогенезе гипоксий. Классификация гипоксий и пусковые механизмы их развития // Современные наукоемкие технологии. 2006. №5. С.23-27.
3. Шпектор В.А. Гипоксия глазами клинициста // Вестник интенсивной терапии. 2006. №4. С.82-87.
4. Choi A.M. Emerging role of carbon monoxide in physiologic and pathophysiologic states // Antioxid. Redox. Signal. 2002. V.4. P.227-228.
5. Leffler Ch.W., Parfenova H., Jaggar J.H. Carbon monoxide as an endogenous vascular modulator // Am. J. Physiol. Heart Circ. Physiol. 2011. V.301. P.1-11.
6. Li Ch., Jackson R.M. Reactive species mechanisms of cellular hypoxia-reoxygenation injury // Am. J. Physiol. Cell Physiol. 2002. V.282, N.2. P.227-241.
7. Peers Ch., Dallas M.L., Scragg J.L. Ion channels as effectors in carbon monoxide signaling // Comm. Integ. Biol. 2009. V.2. P.241-242.
8. Ryter St.W., Alam J., Choi A. Heme-oxygenase-1/carbon monoxide: from basic science to therapeutic applications // Physiol. Rev. 2008. V.86. P.583-650.
9. Walshe T.E., Patricia A. D'Amore The role of hypoxia in vascular injury and repair//Annu. Rev. Pathol. Mech. Dis. 2008. V.3. P.615–643.
10. Wei Y., Chen P., Marco de Bruyn, Zhang W. Carbon monoxide-Releasing Molecule-2 (CORM-2) attenuates acute hepatic ischemia reperfusion injury in rats // BMC Gastroenterology. 2010. V.10, N.42. P.1-9.

Серая А.Е.
студентка
Ефимова Е.Ю.
к.м.н., доцент
Волгоградского государственного медицинского университета
aleksandra.seraya@yandex.ru

ВЗАИМОСВЯЗЬ ШИРОТНЫХ ПАРАМЕТРОВ ЗУБНЫХ ДУГ ОТ ЛИЦЕВОГО И ЧЕРЕПНОГО ИНДЕКСОВ

Введение. Закономерности соотношения конструкции зубных дуг с анатомическими параметрами черепа необходимы для понимания взаимосвязи зубочелюстных аномалий с общими нарушениями в организме [1, 149 – 151; 2, 155 - 157]. Актуальность исследования морфометрических закономерностей конструкции зубочелюстных дуг и параметров черепа связана с возрастающим количеством отклонений от нормального строения челюстно-лицевой области и дальнейшей их коррекции, которая может основываться на глубоких представлениях строения как отдельных костей, так и черепа в целом [3, 15-17].

Цель. Выявить взаимосвязи морфометрических показателей зубных дуг с лицевым и черепным индексами.

Материалы и методы исследования. Материалом исследования были 25 паспортизированных черепов людей обоего пола первого периода зрелого возраста с физиологической окклюзией постоянных зубов, взятые из музея кафедры анатомии человека ВолгГМУ. Все препараты отбирались без видимых проявлений костной патологии.

В процессе исследования определяли черепной индекс (Уч = Ш * 100/ Д, где Уч – черепной указатель, Ш – ширина черепа, Д – длина черепа; рис. 1 а, б), лицевой индекс (Ул= В*100/Ш, где Ул- лицевой индекс, В- высота лица, Ш- ширина лица; рис 2 а, б)

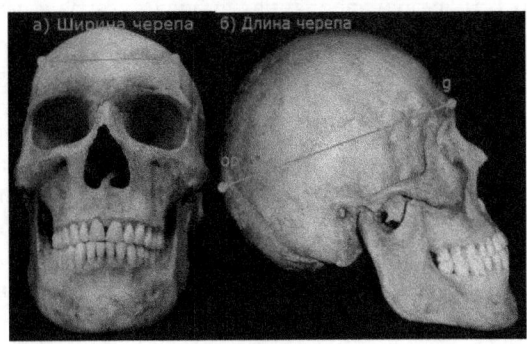

Рис. 1. Препарат черепа с нанесёнными краниометрическими точками для определения черепного индекса.

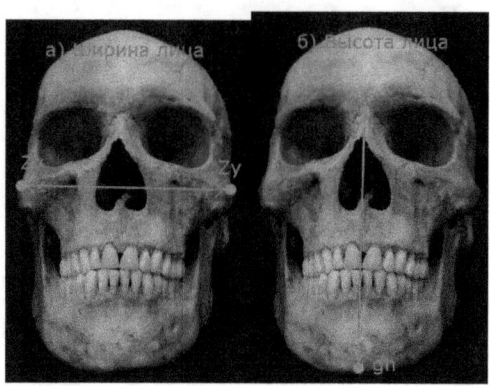

Рис. 2. Препарат черепа с нанесёнными краниометрическими точками для определения лицевого индекса.

Определение ширины зубных дуг проводилось между клыками, премолярами и молярами в установленных точках вестибулярной, альвеолярной и зубоальвеолярной зубных дуг. Измерения проводились стандартным штангенциркулем.

Полученные результаты. Наибольшая ширина вестибулярной зубной дуги в соответствии с лицевым индексом была выявлена у эурипрозопов в области клыков-3,2 ± 0,2см, и в области первых моляров-5,5 ± 0,1см; при этом наименьшая- у лептопрозопов: в области клыков-3,2 ± 0,1 см, а в области первых моляров - 5,3±0,2 см. У мезопрозопов в области клыков -3,1 ± 0,3см, в области первых моляров-5,4±0,2 см. При измерениях язычной альвеолярной и зубоальвеолярной зубных дуг тенденция сохраняется: значения ширины зубных дуг в целом больше у эурипрозопов(альвеолярная зубная дуга: за клыками-3,4±0,3 см, за первыми молярами- 4,6 ±0,1см, зубоальвеолярная зубная дуга: за клыками-3,0±0,3см, за первыми молярами - 4,5±0,2 см, наименьшие значения у лептопрозопов (язычная альвеолярная зубная дуга: в области клыков-3,1±0,2 см, в области первых моляров-4,1 ±0,1см).

Наибольшая ширина вестибулярной дуги в соответствии с черепным индексом в области клыков была выявлена у долихокрана- 3,2±0,3 см, а в области первых моляров у мезокранов-5,9±0,3 см, наименьшая ширина в области клыков - у брахикрана (2,9±0,1 см), в области первых моляров- у долихокрана.(5,5±0,2см). Измеряя язычную альвеолярную и зубоальвеолярную зубные дуги, также прямой зависимости выявлено не было.

Выводы. Наибольшая ширина зубной дуги была выявлена у эурипрозопов, наименьшая - у лептопрозопов. Таким образом, результаты проведенного исследования позволили сделать вывод, что ширина зубной дуги находится в прямой взаимосвязи с лицевым индексом.

Литература

1) Блум, С.А. Современные методы планирования ортодонтического лечения / С.А. Блум, Г.А. Хацкевич, Н.В. Шулькина // Актуальные вопросы стоматологии; Материалы межрегиональной научно-практической конференции. Саратов, 2005.

2) Воробьева, М.В. Протезирование детей и подростков с дефектами зубных рядов / М.В. Воробьева, Д.В. Воробьев, А.Г. Прошин // Актуальные вопросы стоматологии: Материалы межрегиональной научно-практической конференции. Саратов, 2005.

3) Дунаевская И.И. Точка отсчёта — турецкое седло / И.И. Дунаевская, Н.М. Шулькина, И.В. Комарова // Ортодонтия. 2005. - №4(32).

УДК 618.33:613.81

Марянян А.Ю.[1], Протопопова Н.В.[2]
[1]к.м.н., ассистент, Иркутский государственный медицинский университет
[2]д.м.н., проф., Иркутская государственная медицинская академия последипломного образования

БЕРЕМЕННОСТЬ И АЛКОГОЛЬ

Резюме. Учитывая, что нет минимального безопасного уровня потребления алкоголя во время беременности, рекомендуется воздержание от употребления алкоголя в течение всего периода беременности и грудного вскармливания. При обзоре отечественной и зарубежной литературы, установлено, что в России проблема влияния алкоголя на исход гестационного процесса, роды и послеродовый период малоизученна. Это и указывает на актуальность, значимость и важность изучения данной проблемы в России, в том числе в Иркутской области.

Ключевые слова: беременность, плод, алкоголь.

Summary. Given that there is no minimum safe level of alcohol consumption during pregnancy, it is recommended to abstain from alcohol use during the pregnancy and breastfeeding. In its review of domestic and foreign literature, found that in Russia the problem of the impact of alcohol on the outcome of gestation, childbirth and the postpartum period byway. This points to the relevance, significance and importance of the study of this problem in Russia, including in the Irkutsk region.

Keywords: pregnancy, fetus, alcohol.

Актуальность и значимость медицинских, социальных проблем, связанных с употреблением алкоголя матерью во время беременности, а также его воздействие на развивающийся плод постоянно возрастает [2,4,6,11,21].

Впервые воздействие алкоголя на плод был описан в научной литературе в середине XX века P. Lemoineи соавт. (1968), которые обследовали 127 детей, родившихся в семьях алкоголиков и имевших различные аномалии. Более детально данное явление было изучено K.L. Jones и соавт. (1973), которые дали ему название «фетальный (плодный) алкогольный синдром» [2]. Исследования, проведённые позднее показали, что употребление женщиной алкоголя во время беременности может приводить к ФАС и также вызывать менее выраженные дисморфические, когнитивные и поведенческие нарушения фетального алкогольного спектра (ФАСН) [7]. Фетальный алкогольный синдром это расстройство, возникающее вследствие употребления алкоголя матерью в пренатальный период [4]. Фетальный алкогольный спектр нарушений (ФАСН) – термин, описывающий – отдельные проявления или менее выраженные нарушения (не соответствующие всем критериям ФАС), возникающие вследствие внутриутробного воздействия алкоголя. ФАСН – это не клинический диагноз, а общий термин, описывающий диапазон нарушений у ребёнка, вследствие пренатального воздействия алкоголя [3].

При злоупотреблении алкоголем токсикозы беременных выявляются в 26% случаев; самопроизвольные аборты – в 29,05%, антенатальная гибель плодов – в 12%, тяжёлые и патологические роды – в 10,5%, родовые травмы в 8%, рождение недоношенных детей – в 34,5%, детей с проявлениями асфиксии – в 12,5%, ослабленных детей – в 19% случаев [1]. По данным Балашовой Т.Н, Г.Б. Дикке и др. (2012) при обследовании 65 больных алкоголизмом женщин, у которых было 381 беременностей, из них у 189 (59,6%) беременности закончились искусственными абортами, 38 (12%) – самопроизвольными абортами и мертворождениями. Среди родившихся живых детей здоровых было 39,2%.; у 60,8% - отмечались различные психоневрологические нарушения [1].

В целом, токсическое действие этанола приводит к усугублению уже имеющейся соматической патологии беременной, создаются еще более неблагоприятные условия для внутриутробного развития плода, увеличивается риск осложнений течения беременности и родов. Это, в свою очередь способствует возникновению патологических состояний в периоде новорожденности, а в дальнейшем приводит к частой утрате ребенком нормальной жизнедеятельности, его инвалидизации и социальной дезадаптации [8].

Материнский алкоголизм сопровождается плохим питанием, нередко сочетается с курением. Одновременное употребление алкоголя и никотина примерно в 2 раза замедляет рост эмбриона в сравнении только с употреблением этанола и в 4 раза увеличивают риск рождения ребенка с ЗВУР [8].

Начиная с 18-ой недели беременности, спиртные напитки вызывают у плода состояние алкогольной зависимости. В таких случаях дети рождаются признаками абстинентного синдрома, подобного тому, какой бывает у взрослых в состоянии похмелья [8].

Отмечено, что не у каждой женщины, которая употребляет алкоголь во время беременности, родится ребёнок с ФАС. В 1991 году C.D. Coles сообщал, что половина детей, у женщин, чрезмерно выпивающих во время беременности, рождаются здоровыми. E.A. Abel [9], отмечал, что у 4,3% злоупотребляющих алкоголем женщин рождаются дети с ФАС. Поэтому важно определить факторы, влияющие на вероятность рождения ребёнка с ФАС. Факторы риска включают материнский возраст [15,23], социально-экономический статус [9], этическую принадлежность [9], генетические факторы [12,22,26,27] и особенности материнского метаболизма этанола [7]. Среди других факторов риска [15,24,25,28] выделяют особенности употребления алкоголя: доза, характер, время и длительность употребления. Данные исследования показывают, что важно не общее количество алкоголя, который потребляется, а её большое употребление за короткий период времени. Это приводит к высокой, пиковой концентрации этанола в крови и является значимым фактором риска для пренатального поражения плода.

В соответствии с принятыми стандартами здравоохранения, одна *доза (drink)* определена примерно как: 45 мл водки или коньяка (1 рюмка) (40^0), или 150 мл сухого вина (12^0), или 100 мл креплёного вина (18^0), или 250 мл джина с тоником (7^0), или 350 мл пива (5^0). В бутылке сухого вина (750 мл) – 5 доз алкоголя. В полулитровой бутылке водки – 11 доз [7].

Об отношении объёма алкоголя, потребляемого женщиной во время беременности, и развития ФАС имеются следующие противоречивые свидетельства. При употреблении 2 и более унций чистого алкоголя ежедневно (более 54,6 г) ФАС развивается у 19% детей; от 1 до 2 унций (27,3-54,6 г) – у 11%; менее 1 унций (менее 27,3 г) – у 2%. P. Streissguth (1990) считает, что критическое количество этанола, необходимое для возникновения ФАС, составляет 30 г абсолютного алкоголя в сутки.

По другим данным, при ежедневном употреблении 20,0 мл этанола может возникнуть гипотрофия плода – один из главных признаков ФАС [5]. Некоторые исследователи выявили, что и более низкие дозы алкоголя могут привести к отрицательным результатам беременности, может увеличиваться риск самопроизвольного аборта в первом триместре беременности [13,14,16].

Связь времени употребления алкоголя со временем критических периодов развития головного мозга имеет немаловажное значение. Однако употребление алкоголя в течение всей беременности приводит к значительному риску повреждения головного мозга плода. Наиболее уязвимым головной мозг становится в определённых стадиях мозгового развития, большинство которых относится к ранним срокам беременности [8]. Таким образом, наличие тех или иных структурных и функциональных расстройств зависит от критического периода развития плода, на который пришлось употребление алкоголя матерью [10,11,16,17,19,27].

Таким образом, перечисленные литературные данные позволяют говорить о многокомпонентном повреждающем действии этанола на растущий эмбрион.

Этанол накапливается в грудном молоке и активно выводится молочными железами. Концентрация алкоголя в молоке обычно превышает на 10% его концентрацию в плазме крови. Получены некоторые данные о том, что алкоголь может снижать выработку молока у матери при грудном вскармливании ребенка [2].

Допустимый уровень алкоголя в грудном молоке не установлен. Алкоголь, потребляемый матерью, легко поступает в грудное молоко достигая концентраций, таких же как в ее кровотоке. Ребенок фактически «употребляет» алкоголь, который принимает мать, но детоксикация алкоголя у новорожденных в первые недели жизни составляет только половину уровня взрослых [2].

Известно о нескольких доказанных или потенциальных отрицательных воздействиях алкоголя при кормлении грудью на младенцев таких как, замедление моторного развития, нарушения сна, уменьшение потребления молока и риск гипогликемии [10,18,17,23,29].

Присутствие алкоголя в грудном молоке уменьшает его потребление на 23 %. Механизм этого сокращения неизвестен. Пока безопасный уровень алкоголя в грудном молоке не установлен. Считается, что любая его концентрация является не безопасной для грудных младенцев, поэтому, по мнению авторов, рационально рекомендовать матери воздержаться от кормления грудью, пока алкоголь полностью не будет выведен из грудного молока [2]. Точная оценка того, сколько времени кормящая мать должна воздерживаться от кормления грудью после приема алкоголя, пока не определена [18,19,20]. Однако существуют таблицы расчета времени выведения алкоголя из грудного молока в зависимости от веса женщины и принятой дозы. Так, для женщины весом 40,8 кг, которая приняла 3 стандартные дозы алкоголя в течение 1 часа, время выведения алкоголя из грудного молока составит 8 часов 30 минут, а для женщины весом 95,3 кг принявшей ту же дозу алкоголя это время будет 5 часов 33 минуты [2].

Учитывая, что нет минимального безопасного уровня потребления алкоголя во время беременности, рекомендуется воздержание от употребления алкоголя в течение всего периода беременности и грудного вскармливания [27].

При обзоре отечественной и зарубежной литературы, установлено, что в России проблема влияния алкоголя на исход гестационного процесса, роды и послеродовый период малоизученна. Это и указывает на актуальность, значимость и важность изучения данной проблемы в России, в том числе в Иркутской области.

Литература

1. Ахмадеева Э.Н. Алкогольный синдром плода: обзор / Э.Н. Ахмадеева, Е.К. Алехин, Н.Р. Хуссамова // Здравоохранение Башкортостана. — 1997.—№6. —С. 46-51.
2. Балашова Т.Н., Волкова Е.Н., Инсурина Г.Л. и др. Фетальный алкогольный синдром. – СПб., 2012. – С. 3-51.

3. Балашова Т.Н., Дикке Г.Б., Инсурина Г.Л. и др. Профилактика фетального алкогольного синдрома в работе акушнра-гинеколога – М., 2012. – 36 с.
4. Балашова Т.Н., Собелл Л. Применение техник мотивационного интервью в работе с пациентами, имеющими алкогольные проблемы // Обозрение психиатрии и медицинской психологии им. В.М. Бехтерева. – 2007. - №1. – С. 4-7.
5. Кирющенко А.П., Тараховский М.Л. Влияние лекарственных средств, алкоголя и никотина на плод. — М.: Медицина, 1990. —272 с.
6. Малахова Ж.Л., Шилко В.И., Бубнов А.А. Фетальный алкогольный синдром у детей раннего возраста. – М., 2012. – 164 с.
7. Пальчик А.Б., Фёдорова Л.А., Легонькова С.В. Фетальный алкогольный синдром: Методические рекомендации. – СПб., 2006. – 24 с.
8. Шилко В.И. Фетальный алкогольный синдром: клинико-патогенетическая характеристика последствий у детей раннего возраста. — Екатеринбург: УГМА, 2011. — 169 с.
9. Abel E.L., Hannigan J.H. Maternal risk factors in fetal alcohol syndrome: provocative and permissive influences // Neurotoxicol. Teratol. — 1995. — Vol. 17. №4. – P. 448-462.
10. Coles C.D. Fetal Alcohol Exposure and Attention: Moving Beyond ADHD / C.D. Coles // Alcohol. Res. Health. — 2001. — Vol. 25, N 3. — P. 199-203.
11. Crain L.S., Fitzmaurice N. Nail dysplasia and fetal alcohol syndrome // Mer. J. Dis. Child. — 1983. — Vol. 137, N 11. — P. 1069- 1072.
12. Goodlett Ch.R., Horn K.H., Zhou F.C. Alcohol Teratogenesis: Mechanisms of Damage and Strategies for Intervention // Exp. Biol. Med. – 2005. – Vol. 230, N 6. – P. 394-406.
13. Ikonomidou C., Bittigau P., Ishimaru M.J. Ethanol-induced apoptotic neurodegeneration and fetal alcohol syndrome // Science. – 2000. – Vol. 287. – P. 1056-1060.
14. Jacobson J.L., Jacobson S.E. Prenatal alcohol exposure and neurobehavioral development // Alcohol. Health. Res. World. — 1994. — Vol. 18. —P. 30-36.
15. Jacobson J.L., Jacobson S.W., Sokol R.J. Increased vulnerability to alcohol-related birth defects in the offspring of mothers over 30 // Alcohol. Clin. Exp. Res. — 1996. — Vol. 20, N 2. — P. 359-363.
16. Jacobson J.L., Jacobson S.W., Sokol R.J., Ager J.W. Relation of maternal age and pattern of pregnancy drinking to functionally significant cognitive deficit in infancy. // Alcohol Clin Exp Res. – 1998. – Vol. 22. – P. 345-351.
17. Luo J. Ethanol inhibits bFGF-mediated proliferation of C6 astrocytoma cells / J. Luo, M.W. Miller // J. Neurochem. — 1996. — Vol. 66. — P. 1448- 1456.
18. Menella J.A. Infant's suckling response to the flavor of alcohol in mother's milk. // Alcohol Clin Exp Res. – 1997. – Vol. 21. – P. 581-585.
19. Mennella Ju. Alcohol's effect on lactation / Ju. Mennella // Alcohol. Res. Health. —2001. —Vol. 25, N3. —P. 230-234.

20. Michaelis E.K. Fetal alcohol exposure: Cellular toxicity and molecular events involved in toxicity / E.K. Michaelis // Alcohol. Clin. Exp. Res. — 1990. — Vol. 14. —P. 819-826.
21. Miller M.W. Limited ethanol exposure selectively alters the proliferation of precursor cells in the cerebral cortex // Alcohol. Clin. Exp. Res. — 1996. — Vol. 20. — P. 139-143.
22. Roebuk T.M., Mattson S.N., Riley E.P. Behavior and psychosocial profiles of alcohol-exposed children. //Alcohol. Clin. Exp. Res. — 1999. — Vol. 23(6) — P. 1070-1076.
23. Sokol R.J., Martier S.S., Ager J.W. The T-ACE questions: Practical prenatal detection of risk- drinking // Am. J. Obstet. Gynecol. — 1989. — Vol. 160. — P. 863-871.
24. Spohr H.L., Steinhausen H.C. Der Verlauf der Alkoholembryopathie // Mschr. Kinderheilk. — 1984. — Vol. 132, N 11. — P. 844-849.
25. Stratton K., Howe C., Battaglia F. Fetal Alcohol Syndrome: Diagnosis, Epidemiology, Prevention, and Treatment. — Washington, DC: National Academy Press, 1996. — P. 63-81.
26. Streissguth A.P., Dehaene P. Fetal alcohol syndrome in twins of alcoholic mothers: Concordance of diagnosis and IQ // Am. J. Med. Genet. — 1993. — Vol. 47, N6. —P. 857-861.
27. Su B., Debelak K.A., Tessmer L.L., et al. Genetic influences on craniofacial outcome in an avian model of prenatal alcohol exposure. // Alcohol Clin Exp Res – **2001. – Vol.** 25. – P. 60-69.
28. Sutherland R.J., McDonald R.J., Savage D.D. Prenatal exposure to moderate levels of ethanol can have long-lasting effects on hippocampal synaptic plasticity in adult offspring // Hippocampus. — 1997. — Vol. 7. — P. 232-238.
29. West J.R., Pierce D.R. Perinatal alcohol exposure and neuronal damage // Alcohol and Brain Development. / J.R. West, ed. — New York: Oxford University Press, 1986. — P. 121-157.

Информация об авторах:
Марянян Анаит Юрьевна – к.м.н., ассистент, e-mail: anait_24@mail.ru, 664003, г. Иркутск, ул. Красного Восстания, 1; Протопопова Наталья Владимировна – д.м.н., профессор, заведующий кафедрой, руководитель лаборатории, e-mail: ebdru@mail.ru, 664079, г. Иркутск, мкр. Юбилейный, 100.

Data about the author:
Maryanyan Anahit Yurievna - MD, PhD, e-mail: anait_24@mail.ru, 664003, Irkutsk, Krasnogo Vosstaniya St., 1, Russia.; Protopopova Natalia Vladimirovna –Ph.D., Professor, Head of Department, Head of Laboratory, e-mail: ebdru@mail.ru, 664079, Irkutsk, md. Yubileyni, 100, Russ*ia.*

УДК 618.33:613.81

Марянян А.Ю.[1], Протопопова Н.В.[2]
[1]к.м.н., ассистент, Иркутский государственный медицинский университет
[2]д.м.н., проф., Иркутская государственная медицинская академия последипломного образования

ВЛИЯНИЕ АЛКОГОЛЯ НА ПЛОД

Резюме. В обзоре научной литературы описаны современные представления о проблеме тератогенного влияния алкоголя на плод. Акцентировано внимание на некоторые вопросы воздействия алкоголя на плод. При обзоре отечественной и зарубежной литературы выявлено, что в России данная проблема малоизученна, что показывает её актуальность. Можно сделать вывод, что изучение данной проблемы будет иметь важное как теоретическое, так и практическое значение.
Ключевые слова: беременность, плод, алкоголь.

Summary. In a review of the scientific literature describes the current understanding of the problem of the teratogenic effects of alcohol on the fetus. Special attention is paid to some of the impact of alcohol on the fetus. In reviewing the domestic and foreign literature revealed that in Russia the problem is poorly explored , indicating its relevance. It can be concluded that the study of this issue will be important, both theoretical and practical importance.
Key words: pregnancy, fetus, alcohol.

Потребление алкоголя матерью во время беременности и его воздействие на развивающийся плод является серьёзной проблемой здравоохранения во всём мире. Актуальность изучения влияния алкоголя на плод определяется ростом алкоголизма в целом, в том числе среди женщин репродуктивного возраста [3,4,8,16].
Впервые воздействие алкоголя на плод был описан в научной литературе в середине XX века P. Lemoineи соавт. (1968), которые обследовали 127 детей, родившихся в семьях алкоголиков и имевших различные аномалии. Более детально данное явление было изучено K.L. Jones и соавт. (1973), которые дали ему название «фетальный (плодный) алкогольный синдром» [3]. Исследования, проведённые позднее показали, что употребление женщиной алкоголя во время беременности может приводить к ФАС и также вызывать менее выраженные дисморфические, когнитивные и поведенческие нарушения фетального алкогольного спектра (ФАСН) [13].

Фетальный алкогольный синдром это расстройство, возникающее вследствие употребления алкоголя матерью в пренатальный период и представляет собой сочетание невральных, экстраневральных аномалий, проявляющихся антенатальным и постнатальным поражением нервной системы, нарушением роста тела, которые встречаются у младенцев, родившихся от женщин, употребляющих алкоголь во время беременности. Эти психические и физические дефекты проявляются при рождении ребенка и остаются у него на всю жизнь, не проходят с возрастом и является главной причиной нарушений умственного развития, которые можно предотвратить в 100% случаев [4]. Фетальный алкогольный спектр нарушений (ФАСН) – термин, описывающий – отдельные проявления или менее выраженные нарушения (не соответствующие всем критериям ФАС), возникающие вследствие внутриутробного воздействия алкоголя. ФАСН – это не клинический диагноз, а общий термин, описывающий диапазон нарушений у ребёнка, вследствие пренатального воздействия алкоголя [2].

Распространённости ФАС в среднем составляет 1-1,5 случаев на 1000 живых новорожденных, однако этот показатель широко варьирует в различных регионах [2]. В странах с большим потреблением алкоголя и ограниченными знаниями о влиянии алкоголя на плод процент детей с ФАС может быть существенно выше. Так, при исследовании детей в школах Италии ФАС был выявлен в 3,7 – 7,4 случаях на 1000 детей и ФАСН в 23-41 случаях на 1000. Наиболее высокая распространенность в настоящее время была выявлена при исследовании детей в школах в Южной Африке (на территориях винодельческих провинций): от 40,5 до 46,4 на 1000 детей 5-9 лет страдали ФАС, а самая низкая – в Японии (менее 0,1 на 1000) [17].

Клиническая картина ФАС характеризуется тремя группами симптомов: пренатальная и постнатальная дисморфия; черепно-лицевая дисморфия; повреждения мозга. ФАСН проявляется в виде отдельных менее выраженных изменений нервно-психического, физического развития и отклонения в поведении или врождённых дефектов сердца, а также других органов. К вторичным дефектам относятся все сложности, которые могут возникнуть в процессе развития ребёнка под влиянием этих нарушений [2].

Диагностика ФАС основана на критериях, которые формализуются в различных диагностических системах, из них наиболее распространёнными являются 3 системы – CDC (Centers for Desease Control and Prevention, Department of Health and Human Services, 2004), 4-х-бальный код Университета штата Вашингтон (1999) и Канадская диагностическая система [2]. В соответствии с критериями CDC, диагностика ФАС проводится на основании [2]: документирования всех трех лицевых отклонений (сглаженный носогубный желобок, тонкая верхняя губа и короткие глазные щели); документирования дефицита роста и массы; документирования отклонений со стороны ЦНС; документирования употребления матерью алкоголя во время беременности.

В настоящее время установлено, что этанол, независимо от сроков беременности, быстро переходит через гемато-плацентарный барьер. При этом его концентрация в крови плода соответствует таковой в крови матери [5,9]. Этанол длительно циркулирует в крови и тканях плода и новорожденного в неизмененном виде, поскольку не происходит его разрушение в печени [1]. Данное обстоятельство обусловлено отсутствием или недостаточностью фермента алкогольдегидрогеназы. Его продукция печенью плода начинается только со второй половины беременности, а в первые годы жизни он вырабатывается в незначительном количестве [5,14]. Кроме того, не только печень, но и эмбриональные ткани не имеют достаточно зрелых ферментных систем, способных метаболизировать алкоголь [5].

Помимо этого, этанол был обнаружен в амниотической жидкости, куда он попадает, выделяясь почками плода. У пьющих беременных алкоголь более длительно определяется в амниотической жидкости, чем в крови. Тем самым в организме плода создается «резервуар» для алкоголя, который и будет определять длительное неблагоприятное воздействие на него [6]. Биотрансформация этанола представляет с собой типичную реакцию токсификации, при которой образуются более токсичные по сравнению с исходным продуктом метаболиты [6].

Токсическое действие этилового спирта и продуктов его метаболизма связывают со следующими факторами [15]: 1) с накоплением кислотных продуктов, что в свою очередь ведёт к сдвигу pH в кислую сторону, весьма неблагоприятную для метаболических процессов в целом; 2) гипогликемией – замедлением глюконеогенеза, который является главным источником питания нейронов головного мозга; 3) с нарушением процессов энергообразования в клетках ЦНС и внутренних органах; 4) с мембранотоксическим действием, которое обусловлено способностью целой молекулы спирта внедряться в липидный бислой, нарушать структуру фосфолипидов и изменять текучесть клеточных мембран, что в свою очередь нарушает интенсивность синтетических процессов в медиаторных системах; 5) снижением в плазме крови содержания ионов Zn^{++} и Mg^{++}, 6) увеличением концентрации кортизола, в результате чего резко активируются процессы перекисного окисления липидов (ПОЛ); 7) с нарушением HAD+ - зависимых реакций клеточного дыхания, т.е. нарушается синтез АТФ, активизируется гликолиз и формируется метаболический ацидоз; 8) со значительным снижением поступления в организм различных пищевых веществ (белков, витаминов, микроэлементов и др.), т.к. алкоголь обладает высокой энергетической ценностью; 9) развитием состояния, обнаруживающим большое сходство с гипоксией разного генеза (не менее 15% циркулирующего ацетальдегида связано с гемоглобином; ацетальдегидные аддукты гемоглобина обладают малым сродством к кислороду); 10) с угнетением механизмов белкового синтеза, нарушением процессов тканевой репарации и развитием дистрофических процессов в разных органах [7,10,11,12,18].

При обзоре литературы, можно сделать вывод, что в России проблема тератогенного влияния алкоголя на плод, малоизученна, в том числе и в Иркутской области. На наш взгляд изучение данной проблемы является актуальной и перспективной, которая будет иметь важное как теоретическое, так и и практическое значение.

Литература

1. Ахмадеева Э.Н. Алкогольный синдром плода: обзор / Э.Н. Ахмадеева, Е.К. Алехин, Н.Р. Хуссамова // Здравоохранение Башкортостана. — 1997.—№6. —С. 46-51.
2. *Балашова Т.Н., Дикке Г.Б., Инсурина Г.Л. и др.* Профилактика фетального алкогольного синдрома в работе акушнра-гинеколога – М., 2012. – 36 с.
3. *Балашова Т.Н., Волкова Е.Н., Инсурина Г.Л. и др.* Фетальный алкогольный синдром. – СПб., 2012. – С. 3-51.
4. *Балашова Т.Н., Собелл Л.* Применение техник мотивационного интервью в работе с пациентами, имеющими алкогольные проблемы // Обозрение психиатрии и медицинской психологии им. В.М. Бехтерева. – 2007. - №1. – С. 4-7.
5. *Кирющенко А.П., Тараховский М.Л.* Влияние лекарственных средств, алкоголя и никотина на плод. — М.: Медицина, 1990. —272 с.
6. *Кузнецов В.К., Лаврентьева Н.А., Колмыкова В.Н.* Влияние алкоголя на потомство // Фельдшер и акушерка. – 1988. - №10. – С. 43-46.
7. *Ливанов Г.А. и соавт.* Клиника, диагностика и лечение острых отравлений алкоголем и его суррогатами //Злоупотребление алкоголем в России и здоровье населения. Острые отравления этиловым алкоголем и его суррогатами. Соматическая патология при хронической алкогольной интоксикации. — М., 2000. — С. 62-106.
8. *Малахова Ж.Л., Шилко В.И., Бубнов А.А.* Фетальный алкогольный синдром у детей раннего возраста. – М., 2012. – 164 с.
9. *Мастюкова Е.М.* Вопросы патогенеза алкогольной эмбриофетопатии / Е.М. Мастюкова // Журн. неврол., психиатр, им. Корсакова. — 1987. — Т. 87, № 10, — С. 1565-1567.
10. *Мирошниченко Л.Д., Пелипас В.Е.* Наркологический словарь. Ч. 1. Алкоголизм. — М., 2001. — 192 с.

11. *Нужный В.П., Савчук С.А.* Алкогольная смертность и токсичность алкогольных напитков//Партнёры и конкуренты. Лабротариум. 2005, № 5-7.
12. *Остапенко Ю.Н., Литвинов Н.Н и соавт..* Острые химические отравления как один из ведущих факторов заболеваемости населения Российской Федерации// Тез. Докл. 2-го съезда токсикологов России. — М., 2003. — С. 393-394.
13. *Пальчик А.Б., Фёдорова Л.А., Легонькова С.В.* Фетальный алкогольный синдром: Методические рекомендации. – СПб., 2006. – 24 с.
14. *Пашенков С.З.* Об алкогольных эмбриопатиях / С.З. Пашенков // Педиатрия. — 1980. — № 12. — С. 47.
15. *Шилко В.И.* Фетальный алкогольный синдром: клинико-патогенетическая характеристика последствий у детей раннего возраста. — Екатеринбург: УГМА, 2011. — 169 с.
16. *Crain L.S., Fitzmaurice N.* Nail dysplasia and fetal alcohol syndrome // Mer. J. Dis. Child. — 1983. — Vol. 137, N 11. — P. 1069- 1072.
17. *Tanaka H.* Fetal alcohol syndrome // A Japanese perspective. Annals of Medicine. — 1998. — Vol. 30. — P. 21-26.
18. *Zuba D. et al.* Ethanol and other volatile compounds. Kinetics in alcohol dependent patients with ethanol// Toxicol. Clin. Toxicol. — 2001. — V. 39, — № 3. — Р. 229-230.

Информация об авторах:

Марянян Анаит Юрьевна – к.м.н., ассистент, e-mail: anait_24@mail.ru, 664003, г. Иркутск, ул. Красного Восстания, 1; *Протопопова Наталья Владимировна* – д.м.н., профессор, заведующий кафедрой, руководитель лаборатории, e-mail: ebdru@mail.ru, 664079, г. Иркутск, мкр. Юбилейный, 100.

Data about the author:

Maryanyan Anahit Yurievna - MD, PhD, e-mail: anait_24@mail.ru, 664003, Irkutsk, Krasnogo Vosstaniya St., 1, Russia.; *Protopopova Natalia Vladimirovna* –Ph.D., Professor, Head of Department, Head of Laboratory, e-mail: ebdru@mail.ru, 664079, Irkutsk, md. Yubileyni, 100, Russia.

Полякова Л.В.
к.м.н., Государственное бюджетное учреждение Волгоградский медицинский научный центр, лаборатория протеомных и геномных исследований

Калашникова С.А.
д.м.н., Государственное бюджетное образовательное учреждение высшего профессионального образования Волгоградский государственный медицинский университет Министерства здравоохранения Российской Федерации, кафедра микробиологии, вирусологии, иммунологии с курсом клинической микробиологии, kalashnikova-SA@yandex.ru

ГИСТОТОПОГРАФИЧЕСКОЕ РАСПРЕДЕЛЕНИЕ ПРОЛИФЕРАТИВНЫХ ЗОН В ТИРЕОИДНОЙ ПАРЕНХИМЕ ПРИ ХРОНИЧЕСКОЙ ЭНДОГЕННОЙ ИНТОКСИКАЦИИ

Проблема узловых новообразований щитовидной железы остается одной из самых актуальных, несмотря на современные методы лечения и диагностики [4]. Ряд исследователей отмечает, что узловые новообразования не всегда являются патологическими образованиями, а могут представлять вариант возрастных изменений ткани щитовидной железы с радиальным расположением «узелков» [1;3]. Тем не менее, по данным аутопсий в экологически неблагоприятных районах у лиц без наличия клинически выявленной тиреоидной патологии в 90% случаев наблюдаются узловые новообразования [1;4;5]. Нами был поставлен вопрос о развитии компенсаторных реакций в виде очаговой гиперплазии тироцитов на фоне хронической интоксикации, в частности эндогенного происхождения. Таким образом, целью настоящего исследования является определение закономерности развития гиперпластических процессов с учетом зональности щитовидной железы на фоне хронической эндогенной интоксикации.

Исследование проводилось на 120 белых крысах-самцах массой 200-230 г. Хроническую эндогенную интоксикацию моделировали путем сочетанного введения бактериального липополисахарида (ЛПС) S. thyphimurium 0,2 мкг/кг 1 раз в неделю внутрибрюшинно и гепатотоксичного яда – тетрахлорметана (ТХМ) ежедневно перорально (через зонд) из расчета 0,5 мл/кг/сут 30%-го масляного раствора [2]. Моделирование эндогенной интоксикации проводили втечение 30, 60 и 90 суток, после чего 30 суток никаких манипуляций не проводили с последующим выведением животных из эксперимента. Гистологическое исследование ткани щитовидной железы проводили с использованием окраски гематоксилином и эозином, по ван Гизону, а также окрашивали ткань щитовидной железы на йод.

При проведении качественного и количественного анализа было установлено, что патоморфологические изменения на 30,60 и 90 суток при наличии эндогенной интоксикации существенно отличались от таковых на момент выведения животных из эксперимента. Так, на 30 сутки эндогенной интоксикации патоморфологические изменения характеризовались острым повреждением ткани и сопровождались мелкоочаговыми кровоизлияниями и полнокровием сосудов, дистрофическими изменениями тироцитов. На 60 сутки геморрагические явления сменялись очаговой гиперплазией тироцитов с образованием подушечек Сандерсона и началом обособления фолликулов в отдельные тиреоны. Данные изменения наблюдались преимущественно в центральной части железы с радиальным расположением очагов гиперплазии от центра к периферии. К 90 суткам тиреоидная паренхима претерпевала очаговую микрофолликулярную трансформацию с наличием мелких фолликулов 100-150 мкм, краевой резорбцией коллоида крупных фолликулов расположенных в периферической зоне, что свидетельствует об активации гормонопоэза и повышенной выработке тиреоидных гормонов, что дополнительно подтверждалось очаговым прокрашиванием ткани в синий цвет при окраске на йод. Наряду с очаговыми гиперпластическими процессами наблюдались явления стромальной пролиферации с выделением отдельных групп мелких фолликулов, в которых клетки фолликулярного эпителия интенсивно окрашивались в синий цвет, где объемная доля йодпозитивных клеток составила 69,7±5,1%, в то время как показатели контрольной группы составили 39,5±4,3%. Следует отметить, что существенное влияние на патоморфоз оказывали длительность введения ТХМ и ЛПС. Так, токсическое воздействие прекращалось на 30 сутки и еще втечение 30 суток животным никаких манипуляций не проводилось, ткань железы практически не отличалась от таковой группы контроля. Наличие пролиферативно активных клеток не превышало физиологической нормы. При прекращении введения ТХМ и ЛПС на 60 сутки и выведения животных также через 30 суток патоморфологические изменения характеризовались наличием очаговой гиперплазии тироцитов и отдельных йодпозитивных участков в центральной части долей железы. Периферическая часть оставалась практически без изменений за исключением некоторого утолщения капсулы железы. Несмотря на прекращение токсического воздействия на 90 сутки эксперимента в центральной части долей щитовидной железы наблюдалась высокая пролиферативная активность клеток с очаговым интенсивным прокрашиванием фолликулярного эпителия в синий цвет, что составило 72,5±5,5%. В отдельных случаях наблюдались обособленные тиреоны с мелкими фолликулами, малым количеством коллоида, тироцитами цилиндрической формы.

Таким образом, при наличии хронической эндогенной интоксикации патоморфологические изменения характеризуются необратимой перестройкой тиреоидной паренхимы, выявляемой на 90 сутки эксперимента. Обособление фолликулов в отдельные тиреоны с функционально активной паренхимой может служить источником для возникновения нодулярных образований и очагов неконтролируемого гормонопоэза, сопровождающихся развитием тиреотоксических кризов. Напротив, прекращение введения токсических веществ на 30 сутки привело к восстановлению тиреоидной паренхимы, что свидетельствует об обратимости патоморфологических изменений на данном сроке эксперимента и нормализации морфофункционального состояния щитовидной железы. Промежуточное положение занимала группа животных, у которой введение ТХМ и ЛПС прекратили на 60 сутки эксперимента. Явления стромальной пролиферации, развивающиеся на данном сроке препятствуют полноценной репаративной регенерации с возникновением признаков очаговой гиперплазии. Однако, функциональная активность тироцитов значительно меньше, чем таковая на 90 сутки эксперимента и объем йодпозитивного материала не превышает показатели контрольной группы. В связи с этим, течение и выраженность репаративной регенерации вплоть до возникновения узловых образований зависит от длительности эндогенной интоксикации и гистоархитектоники органа, чем обусловлено более позднее восстановление периферических отделов тиреоидной паренхимы.

Литература:

1. Филин А.А. «Маленькие узелки» в щитовидной железе» (морфологическое исследование): дис….к.м.н. Волгоград,2007. – 35 с.
2. Писарев В.Б. Бактериальный эндотоксикоз: взгляд патолога: монография/ В.Б. Писарев, Н.В. Богомолова, В.В. Новочадов. – Волгоград: Изд-во ВолгГМУ, 2008. – 308 с.
3. Hofman MS. Thyroid nodules: time to stop over-reporting normal findings and update consensus guidelines// BMJ. - 2013. – N265. – P.347.
4. Mohammadi A, Hajizadeh T. Evaluation of diagnostic efficacy of ultrasound scoring system to select thyroid nodules requiring fine needle aspiration biopsy // Int. J. Clin. Exp. Med. – 2013. – Vol.6, N8. – P.641-648.
5. Lee E.S., Kim J.H., Na D.G. et al. Hyperfunction thyroid nodules: their risk for becoming or being associated with thyroid cancers // Korean J. Radiol. – 2013. – Vol.14, N4. – P.643-52.

Калачева И.В.
директор НОАНО ДПО «САПО», аспирант ПГСГА

ПРОБЛЕМЫ УПРАВЛЕНИЯ И РАЗВИТИЯ СИСТЕМЫ ВЫСШЕГО НЕГОСУДАРСТВЕННОГО ОБРАЗОВАНИЯ В СОВРЕМЕННОЙ РОССИИ

Образовательная система Российской Федерации претерпела значительные изменения за последние двадцать лет. Реформы затронули все уровни образовательной системы от дошкольного образования до высшего и послевузовского профессионального образования.

Одним из значительных изменений является появление негосударственных образовательных учреждений и организаций, которые осуществляют обучения на платной основе, да и образовательная система в целом перешла к условиям рыночных отношений.

Такое положение дел сформировала у части потребителей образовательных услуг стойкое мнение, что негосударственные вузы ставят своей главной целью извлечение прибыли, нежели качество даваемого образования, что создает в общественном сознании негативный образ негосударственного образования. В этой связи противоречие между необходимостью развития негосударственного сектора высшего образования и его восприятием в общественном сознании, от которого во многом зависит будущее всей системы российского образования, делает актуальным осмысление феномена негосударственного высшего образования, как молодого в России и малоизученного явления в период его развития с 1992 г. до настоящего времени. Негосударственное образование сталкивается с множеством препятствий – существуют проблемы правового регулирования деятельности вузов, ведется недобросовестная конкуренция на рынке образовательных услуг, отсутствует четкая государственная политика в этой сфере, в том числе с учетом вхождения России в Болонский процесс.

Отсутствие четких правил для негосударственной системы высшего профессионального образования наряду с активным развитием негосударственного сектора делает необходимым подготовку специализированных управленческих кадров, которые разбираются не только в менеджменте, но и знают законодательную базу, а так же умеют работать с потребителями услуг, коими являются не только студенты и абитуриенты, но и их родители, а также профессорско-педагогический состав учебных заведений, предприятия, которые являются работодателями для выпускников.

Проанализировав деятельность НОУ ВПО за период с 1992 года по наше время (2013 год), собственно это весь период существования в России негосударственных вузов. Можно дать комплексную оценку такому феномену как негосударственное учреждение высшего профессионального образования нам предстоит ответить на ряд вопросов социально-экономического характера.

За время существования негосударственного высшего профессионального образования появилось устойчивое клише: негосударственный вуз – это место где можно купить диплом. Студенты и их родители зачастую полагают, что выбрав негосударственный вуз можно оплачивать обучение и не приходить на зачеты и экзамены, что оплата обучение автоматически гарантирует получение диплома. Хотя платное образование в государственном и негосударственном вузе по сути не отличаются, ведь контроль за успеваемостью студентов и наполнение учебной программы строго регламентированы.

В феврале 2010 года начали появляться публикации под заголовком «100 вузов с воза»: «Чтобы студенты лучше учились, планируется закрыть каждый третий институт». Этих слов оказалось достаточно, чтобы абитуриенты и студенты проявили беспокойство, посчитав, что закрывать будут только негосударственные вузы. По разным причинам было закрыто более 100 филиалов различных вузов и около 400 представительств как государственных, так и негосударственных высших учебных заведений.

Однако часть абитуриентов до сих пор предпочитает обучаться в «коммерческие» вузы для получения высшего образования. Цель современной негосударственной организации, реализующей программы высшего профессионального образования привлечь как можно больше клиентов (потребителей, студентов). Для этого в вузе должен быть выбор самых актуальных специальностей (направлений), доступная ценовая политика, возможность проведения досуга во внеучебное время, не говоря уже о наличии материально-технической базы и разрешительной документации на ведение образовательной деятельности, таких как лицензия и свидетельство об аккредитации, дополнительным плюсом будет наличие свидетельств, сертификатов и договоров, подтверждающих взаимодействие с иными организациями. Следует отметить, что основные положения, которые способствуют успешному привлечению клиентов, закреплены в различных правовых актах.

Способность любой учебной организации своевременно реагировать и справляться с изменениями внешней среды является одной из наиболее важных составляющих ее успеха. Вместе с тем эта способность является условием осуществления запланированных стратегических изменений. Можно предположить, что негосударственные учреждения, которые изначально были созданы в условиях современного рынка обладают большей способностью изменятся и приспосабливаться. Связано это не только с тем, что вуз «живет», только на те средства, которые сумел привлечь сам, но и с тем, что система управления вуза более гибкая, учредителями могут являться физические лица, которые могут чаще встречаться и принимать решения об управление вузом. НОУ ВПО, как правило, меньше государственных, в них меньше студентов, меньше факультетов, следовательно меньше вся материально-техническая база. Однако есть и трудности. Основной из которых в посткризисных условиях и демографической ямы периода перистройки стало привлечение абитуриентов. Пик обострения пришелся на 2010-2011 гг.

Для определения факторов, которые влияют на выбор между государственным и негосударственным вузом был проведен опрос абитуриентов, участвующих в приемной компании на 2010-2012 учебный год. Опрос проводился в несколько этапов, на каждом из которых предлагалось ответить на несколько вопросов касающихся выбора вуза по ряду признаков и способу получить информацию о наличии тех или иных признаков в различных учебных заведениях. 100% опрошенных отметили, что учебное заведение, которое они выберут должно иметь лицензию и аккредитацию. Более 80% опрошенных сообщили, что для них важную роль играет помещение, в котором располагается вуз, его материально-техническая база (компьютеры, интернет, спортивный зал и т.п.). Более 70% опрошенных интересуются содержанием учебных программ и кадровым потенциалом вуза. Более 50% отметили, что значительным фактором является наличие библиотеки и возможности бесплатно пользоваться учебно-методическими материалами и электронными книгами. 17,8% опрошенных сообщили, что скорее выберут платный вуз, если оп расположен ближе к дому и не нужно тратить много времени на перемещение между учебными корпусами. Более 70% опрошенных сообщили, что скорее выберут государственный вуз, так как там «по закону обязаны предоставить все для обучения».

Из сказанного выше можно сделать вывод, что многих абитуриентов (будущих клиентов, потребителей услуг) беспокоит правовое обеспечение образовательной среды в негосударственных вузах.

Предполагаю, что многие выпускники и их родители, не понимает какое место, занимает негосударственный вуз в системе образования РФ, какие законы регулируют его деятельность.

Для ответа на данный вопрос был изучен ряд, основанные на исследовании и оценке норм Конституции РФ, Гражданского Кодекса РФ, Налогового Кодекса РФ, Гражданско-процессуального Кодекса РФ, Федеральных Законов РФ и иных нормативно-правовых актов РФ.

Предлагаю Вам ознакомиться с некоторыми выводами, касающимися определения правового статуса негосударственного вуза и правомочностью осуществления им образовательной деятельности.

1. Под негосударственным высшим учебным заведением следует понимать юридическое лицо в организационно-правовой форме, предусмотренной гражданским законодательством для некоммерческих организаций, имеющее лицензию на осуществление образовательной

деятельности по государственным программам высшего профессионального и послевузовского образования, получившее государственную аккредитацию, финансируемое учредителем (учредителями), а также за счет осуществления приносящей доход деятельности и предпринимательской деятельности.

2. Право на осуществление образовательной деятельности возникает у высшего учебного заведения с момента создания вуза. Однако до проверки соответствия вуза лицензионным требованиям, вуз не вправе своими действиями осуществлять образовательную деятельность, что необходимо расценивать как отсутствие у вуза дееспособности, которую он приобретет с момента получения лицензии.

3. За счет имущества, находящегося в самостоятельном распоряжении вуза, последний может создавать филиалы без получения согласия учредителя. В случае отсутствия такого имущества у вуза, создание филиала возможно только при согласии учредителя вуза. Проблему правосубъектности филиала следует решать, не путем выдачи доверенности, как это предусмотрено действующим законодательством, а посредством наделения филиала по закону известным объемом правосубъктности.

4. Образовательные учреждения, в том числе негосударственные высшие учебные заведения, наделяются законом большим объемом правомочий в отношении закрепленного за ними имущества на праве оперативного управления, чем другие учреждения по общему правилу. Данное обстоятельство проявляется, прежде всего, в праве пользования и распоряжения, а также в том, что изъятие или отчуждение объектов собственности, закрепленных за образовательным учреждением, допускается, по общему правилу, по истечении срока действия договора между собственником (учредителем) и образовательным учреждением. Таким образом, можно утверждать о наличии общего правового режима имущества учреждения, как такового, и специального, который, в частности, установлен образовательным законодательством.

5. В соответствии с п.5 ст. 30 Закона РФ «Об образовании» негосударственное образовательное учреждение может быть собственником определенного имущества. Однако данное законодательное решение противоречит существу организационно-правовой формы учреждения, не допускающей наличия имущества на праве собственности у учреждения.

6. В связи с особой социальной значимостью образовательной деятельности, она не может квалифицироваться как предпринимательская не зависимо от платных или безвозмездных начал ее осуществления. По действующему законодательству не является предпринимательской даже платная образовательная деятельность, если она осуществляется государственным образовательным учреждением. В то же время такая же

деятельность, осуществляемая негосударственным образовательным учреждением, не относится к предпринимательской, если полученные средства реинвестируются в образовательную деятельность. Представляется, что данное решение в законе ставит в неравное положение государственные и негосударственные образовательные учреждения.

7. Представляется ошибочным квалификация в качестве предпринимательской деятельность вуза по приобретению им акций, облигаций или других ценных бумаг и получении по ним доходов; долевое участие вуза в деятельности других организаций, а также отдельные виды деятельности, квалифицируемые в образовательном и налоговом законодательстве как внереализационные операции.

Таким образом, «образовательная среда» во всем многообразии ее определений имеет правовое обеспечение и подтверждением эту служит наличие у негосударственного вуза государственной лицензии и аккредитации.

Хотя законодательная база несовершенная, она дает равные права как студентам государственных вузов, так и студентам негосударственных образовательных учреждений.

Дальнейшее развитие негосударственного высшего образования в РФ нуждается в адекватном правовом регулировании, поскольку многие положения действующего законодательства ориентированы в основном на государственные и муниципальные высшие учебные заведения. Необходимо определиться с местом негосударственного высшего учебного заведения в системе высших учебных заведений РФ, и особое внимание следует уделить исследованию специфики правового положения указанных вузов. Установить особенности создания таких вузов в отличие от государственных и муниципальных; рассмотреть спорные проблемы соучредительства; порядок формирования имущества и содержание имущественных прав, в частности права вуза на самостоятельное распоряжение определенным имуществом; требуют анализа отношения по реорганизации и ликвидации негосударственных высших учебных заведений и ряд других вопросов.

Сопоставление правового положения государственных и негосударственных вузов показало, что по ряду позиций негосударственные вузы находятся в более сложном положении, чем государственные. Необходимо установить обоснованность такого законодательного решения. Согласно Конституции граждане РФ имеют право выбора, в каком вузе: государственном или негосударственном получать образование. Право выбора граждан РФ следует уважать и поэтому необходимо разработать такое законодательство, которое позволило бы негосударственным высшим учебным заведениям в полном объеме конкурировать с государственными и муниципальными вузами с тем, чтобы выбор граждан РФ был свободным. Недостатки образовательного законодательства, регулирующего отношения с участием негосударственных вузов, в значительной мере обусловлены отсутствием необходимых теоретических исследований, не полным учетом гражданско-правовой природы этих отношений.

Следует отметить, что являясь потребителями оплачиваемых услуг, студенты негосударственного вуза могут опираться и на Федеральный Закон «О защите прав потребителей», который предусматривает гарантии по возмещению расходов за некачественно выполненные услуги, досрочное расторжение договора и т.п.

Арбитражная практика Самарской области показала, что судебных процессов касающихся качества предоставления образовательных услуг и иных споров клиентов с негосударственным образовательным учреждением не проводилось, так же адвокатские конторы не могут предложить специалистов практикующих такой вид судебных разбирательств. Что свидетельствует о надлежащем выполнении обязательств взятых на себя НОУ.

Одним из показателей деятельности вуза является и внедрении системы менеджмента качества, в которой строго регламентируется не только управление образовательным процессом, но и сопутствующими процессами, такими, как профориентационная работа, которая в деятельности обычной коммерческой фирмы называется рекламой. Следовательно, размещая и подготавливая информацию о своей деятельности, любое НОУ выполняет требования законодательства регламентирующего рекламную деятельность. Самым важным, по мнению абитуриентов, является предоставление максимально полной и достоверной информации с использованием средств массовой информации.

Система управления негосударственным вузом сложна, подвержена влиянию ряда факторов, как внешней, так и внутренней среды. Особое место в сфере влияния на принятие управленческих решений имеет государство, регламентируя деятельность участников образовательного процесса законодательными актами как напрямую, так и опосредованно. Современный руководитель негосударственного вуз должен не только иметь соответствующее образование и опыт педагогической и управленческой работы, но и постоянно повышать свою квалификацию в экономических и юридических вопросах, овладеть приемами антикризисного управления и стратегического планирования, а также принимать активное участие в общественно-политической жизни страны.

Список литературы

1. Абалонин С. SWOT-анализ деятельности предприятия // Маркетинг № 6, 1999 С. 24-32.

2. . Закон Российской Федерации «Об образовании» (в редакции от 13 января 1996 г. № 12-ФЗ с последующими изменениями и дополнениями по состоянию на 8 декабря 2003 г.).

3. Зуб А.Т. Стратегический менеджмент. Теория и практика: учебное пособие для ВУЗов - М.: АСПЕКТ - ПРЕСС, 2002. - 415 С.

4. Концепция участия Российской Федерации в управлении государственными организациями, осуществляющими деятельность в сфере образования.

5. Король С. Внешняя окружающая среда организации как фактор роста её эффективности // Проблемы теории и практики управления. - №5 2007. - С.43-50

6. Мельвиль А, Лебедева М. Как вписаться в XXI век // Сообщение. 2000. № 1. Январь

7. Румянцева З.И. Общее управление организацией: теория и практика - М.: ИНФРА-М., 2005. - 303 С.

8. Осокина О.Ю., «Потенциальные возможности развития дополнительного профессионального образования в регионе», электронный журнал ВлГУ № 18, декабрь 2007 г.

9. Панкрухин А. П. Маркетинг. – М.: Омега-Л, 2005, с. 514.

10. Проект Федерального закона «О государственных (муниципальных) автономных некоммерческих организациях».

11. Проект Федерального закона «О государственных автономных учреждениях».

12. Развитие стратегического подхода к управлению в российских университетах / Под. ред. Е.А. Князева. — Казань: Унипресс, 2010.

13. Слонов С. Структурный анализ управленческого решения // Проблемы теории и практики управления. - №1 2009. - С. 97-105

14. Теория управления. Учебник для ВУЗов под ред. А.Л. Гапоненко. - М. РАГС, 2004. - С.64 – 72.

15. Теплова И. Управление в условиях неопределенности // Проблемы теории и практики управления. - №7 2006. - С.93-104.

16. Туленков Н. Ключевая позиция стратегического менеджмента в организации // Проблемы теории и практики управления. — 2007. — № 4.

17. Управление организацией: учебник для ВУЗов под ред. А.Г. Поршнева. - М.: ИНФРА-М. 2005. - С.140 – 142.

18. Черкасова В. Реализация стратегий в условиях неопределенности // Проблемы теории и практики управления. - №2 2009. - С.58-70.

Кулиш И.А.
Муниципальное автономное общеобразовательное учреждения средняя общеобразовательная школа № 41 г. Челябинска

ИСПОЛЬЗОВАНИЯ ИНТЕРАКТИВНЫХ ТЕХНОЛОГИЙ НА УРОКАХ РУССКОГО ЯЗЫКА В НАЧАЛЬНОЙ ШКОЛЕ КАК СРЕДСТВО ПОВЫШЕНИЯ ПОЗНАВАТЕЛЬНОГО ИНТЕРЕСА

Содержание понятия «познавательный интерес» представляется исследователями в области педагогических наук по-разному: от целостных динамических тенденций, определяющих структуру наших реакций (Л.С. Выготский, В.А. Крутецкий), до избирательного отношения (А.Г. Ковалев, О.Н. Михайлова и др.) и мотива (Л.И. Божович, Н.Г. Морозова).

Несмотря на разные подходы к определению познавательного интереса, приближение цели деятельности к его результату составляет для младшего школьника важную основу, укрепляющую интерес. Мы признаем, что познавательный интерес - значительный фактор обучения, определяющий мотив учебной деятельности школьника.

Согласно мнению большинства количества исследователей [2,4,5,12 и др] познавательный интерес занимает центральное положение среди всего множества факторов, обеспечивающих протекание полноценной учебной деятельности, поскольку ориентирует рёбёнка непосредственно на процесс решения содержательных учебных задач основанных на языковом материале. Множество особенностей его проявления (степень интенсивности, форма проявления, большая или меньшая лёгкость актуализации, преимущественное проявления в тех или иных учебных ситуациях, различное позиционирования себя по отношению к учебной деятельности), составляющих предмет его диагностики, позволяет нам качественно охарактеризовать уровни его проявления.

Таким образом, развитие познавательного интереса на уроках русского языка в начальной школе с использованием интерактивных технологий носит видовое разнообразие, связанное с совершенствованием системы предлагаемых предметных знаний, с расширением и уточнением состава видов познавательной деятельности, направленной на их освоение. В настоящее время интерактивные технологии как средство развития познавательного интереса, методология познания становится предметом изучения и практического освоения, выступает обязательным элементом школьных программ обучения и имеет самостоятельную образовательную ценность.

В практике обучения русскому языку в начальной школе сложились вполне определённое понятие повышения познавательного интереса к предмету «Русский язык». Вместе с тем нельзя не отметить, что в развитие познавательного интереса на уроках русского языка в начальной школе отдельные учителя, методисты, психологи вкладывают разное содержание. (Т.С. Панфилов и др.) повышение познавательного интереса видят в письменных работах по тексту с пропущенными буквами, слогами, работу с деформированным текстом, придумывание предложений с использованием той или иной грамматической формы. (Т.В. Напольнова, И.М. Подгаевская) развитие познавательного интереса видят в решении учащихся лингвистических учебных задач воплощенных в языковом факте, где поиск способа решения целиком возлагается на учащегося; (М.Ф. Ушаков, Т.А. Ладыженская др.) повышение познавательного интереса видят в творческих диктантах; (Р.Н. Бунеева., Е.В. Бунеев., О.В. Пронина) в занимательности процесса обучения русскому языку.

Таким образом, в курсе преподавания русского языка в начальной школе в определении сущности развития познавательного интереса, рассматривается как создание проблемы, которую учащийся должен решить с помощью логических действий построенных на языковом материале.

С развитием технологий, методические разработки с использованием интерактивных технологий приходят в начальную школу, что положительно влияет на развития познавательного интереса учащихся. В этом случае, использование интерактивных средств на уроках русского языка в начальной школе становится положительным фактором развития познавательного интереса к предмету и организации коллективной работы класса.

Анализ понятие интерактивные технологии в процессе обучения младшего школьника показал, что в современных условиях, когда компьютеризация педагогического процесса становится ближайшей перспективой, интерактивные технологии – единственное условие эффективной реализации повышения познавательного интереса младшего школьника на уроках русского языка

Опираясь на работы Л.И. Айдаровой, Л.П. Быстровой, А.А. Косолапковой, Е.Н. Пузанковой, В.А. Сидоренкова, Т.Е. Соколовой, Д.В. Татьянченко, А.А. Ярулова и др., мы выделили виды учебной деятельности младших школьников на уроках русского языка с использованием интерактивных технологий направленные на развития познавательного интереса. Рассмотрим подробнее сущность каждого вида учебной деятельности:

Наблюдение за языком - деятельность, позволяющий учащимся рассматривать, исследовать языковой материал для достижения какой-либо цели – теоретической или практической – с целью извлечения из объекта необходимых фактов и признаков (результаты наблюдения фиксируются с помощью записей, условных знаков, рисунков, схем и т.д.), выводимых на экран.

Лингвистический эксперимент - деятельность, предполагающая искусственное изменение наблюдаемых фактов с целью проверки условий функционирования того или иного языкового элемента, выяснения его характерных особенностей, пределов возможного употребления, оптимальных вариантов использования [9,120]

Лингвистическое моделирование - важное действие для формирования лингвистического мышления младших школьников; в начальной школе выполняются две функции: 1) фиксация выделенных отношений между реальными объектами мира и действий с этими объектами, в этом случаи модель неотличима от схемы общего способа действий или схемы структуры объекта; 2) функция мотивировки – как средство для постановки новых языковых задач.

Создание собственных лингвистических задач - практическая деятельность учащихся, направленная на формирования способности детей видеть в учебном материале задачу, формулировать её, определять операциональную схему её решения, проверять правильность и полноту своих действий.

Устные или письменные дискуссии - учебно-познавательная деятельность, предполагающая координацию разных точек зрения, проверку гипотез учащихся в ходе общения с одноклассниками; чтение и понимание письменно изложенной точки зрения других людей; мыслительный диалог с авторами научных и научно-популярных текстов.

Представленный выше перечень конкретных видов учебной деятельности с использованием интерактивных технологий в области русского языка начальной школы демонстрирует нам богатый спектр развития познавательного интереса и практической деятельности младших школьников. Разнообразие видов деятельности обусловлено многообразием задействованных источников информации и способов работы ученика с этими источниками.

Таким образом, интерактивные технологии оказывает большое побудительное влияние на процесс формирования познавательного интереса и результат обучения русскому языку в начальной школе. Практика школьного исследования педагогов и психологов убедительно доказали, что среди ряда причин негативного отношения учащихся начальных классов к учению и низкой успеваемости главной является слабое развитие познавательного интереса или его отсутствие. (Н. А, Беляева, Л, И. Божович, И. С. Славина, и др.) Поэтому формирование познавательного интереса и его предпосылок на уроках русского языка с использованием интерактивных технологий, начиная с начальной школы, важная задача в системе воспитания положительного отношения к знаниям и учебной деятельности, в которой проявляются и формируются познавательные интересы.

Литература:

1. Айдарова, Л.И. Психологические проблемы обучения младших школьников русскому языку [Текст]/ Л.И. Айдарова. – М.: Педагогика, 1978. – 144 с.
2. Асмолов, А.Г. и др. Как проектировать универсальные учебные действия в начальной школе: от действия к мысли/ А.Г. Асмолов, Г.В. Бурменская, И.А. Володарская/ под ред. А.Г. Асмолова – М.: Просвещение, 2011. – 152 с.
3. Быстрова, Л.П. Формирование самообразовательных умений [Текст]/ Л.П. Быстрова// Русский язык в школе. – 1992. - №1.
4. Воронцов, А.Б. Организация учебного процесса в начальной школе: Методические рекомендации/ А.Б. Воронцов// Серия «Новые образовательные стандарты», 2-е изд. – М.: ВИТА-ПРЕСС, 2011. – 72 с.
5. Гликман, И.З. Письма о стимулировании учения/ И. Гликман. Письмо 2. Основы эффективной мотивации учения// Педагогическая техника, 2007. - № 5. – С. 72-78
6. Давыденко, В.А. Опыт педагогического стимулирования учебной деятельности школьников в 70-80 гг. XX столетия// Мир образования – образования в мире. – 2008. - №3. – С. 144-153
7. Косолапкова, А.А. Некоторые формы и приёмы работы с сильными учащимися на уроках русского языка [Текст]/ А.А. Косолапкова// Русский язык в школе. – 1991. - №5. – С. 27-31.
8. Психолого-педагогические проблемы развития школьника как субъекта учения [Текст]/ под ред. Е.Д. Божович. – М.: Московский психолого-социальный институт; Воронеж: Изд-во НПО «Модек», - 2000. – 192с.
9. Розенталь, Д.Э., Теленкова, М.А. Словарь-справочник лингвистических терминов: Пособие для учителя. – 3-е изд., испр. и доп [Текст]/ Д.З. Розенталь, М.А. Теленкова. – М.: Просвещение, 1985. – 399с.
10. Соколова, Т.Е. Информационно-поисковые умения: Познавательное общение в начальном образовании: Учебно-методическое пособие [Текст]/ Т.Е. Соколова. – Самара: Издательство «Учебная литература»: Издательский дом «Фёдоров», 2007. – 160с.
11. Татьянченко, Д.В., Воровщиков, С.Г. Программа общеучебных умений: совершенствование эффективности формирования познавательной компетентности школьников [Текст]/ Д.В. Татьянченко, С.Г. Воровщиков // образование в современной школе. – 2002. - №6. – С. 45
12. Щукина, Г.И. Педагогические проблемы формирования познавательных интересов учащихся/ Г.И. Щукина. – М.: Педагогика, 1988. – 203 с.

Пахомова Е.А.
кандидат педагогических наук, доцент Кузбасского регионального института развития профессионального образования
E-mail: KRIRPO@KRIRPO.mail.ru

ПРОФЕССИОНАЛЬНОЕ ОБРАЗОВАНИЕ В РОССИИ В УСЛОВИЯХ МОДЕРНИЗАЦИИ: ОРИЕНТАЦИЯ НА ПОТРЕБНОСТИ ОБЩЕСТВА И ЛИЧНОСТИ

Система российского среднего профессионального образования нуждается в существенно более глубоком реформировании, чем общее и высшее образование. При распаде большинства государственных предприятий и изменении среды, в которой в прошлом функционировала система профессионального обучения, увеличился разрыв между запросами рынка и теми квалификациями, которые получают выпускники профессиональной школы. Нужно отметить, что это несоответствие продолжает увеличиваться в то время, когда в условиях бурного развития технологий и глобальной конкуренции растет потребность в более гибкой квалифицированной рабочей силе, готовой к постоянному обучению и развитию [1, 226].

Жесткость федеральных профессиональных стандартов затрудняет внедрение гибких и ориентированных на спрос программ. Концепцию признания конкретной профессиональной компетентности, независимо от того, каким образом она была приобретена, почти невозможно претворить в жизнь в рамках системы, ориентированной на процесс, в котором отсутствуют модульные учебные материалы, рассчитанные на потребности студентов.

Снижение безработицы не свидетельствует о том, что рынок труда находится на подъеме. Нынешнее состояние дел не может не вызывать опасений. Наибольшую озабоченность вызывает снижающееся качество кадров, особенно молодежи.

Создание современной целостной системы повышения квалификации и переподготовки работников СПО является необходимым условием для серьезной профессиональной подготовки рабочей силы. Одним из решений, которое успешно применяется в некоторых странах ОЭСР, является создание ресурсных центров, оптимизирующих использование дорогостоящих оборудования, технических средств и педагогических кадров. Профессиональные ресурсные центры должны быть, прежде всего, центрами по профессиональной подготовке, обслуживающими региональных заказчиков (как молодежь, так и взрослых) в приобретении и совершенствовании умений и навыков в соответствии с изменениями на рынке труда.

При реализации принципа социального партнерства возникает

целый ряд трудностей: низкий уровень представительности социальных партнеров, отсутствие стремления к социальному диалогу или культуры его ведения (часто социальный диалог не включает профессиональную подготовку кадров в перечень приоритетных направлений), недостаточная правовая основа, а также поддержка со стороны местных и федеральных властей.

Примеры решений данной проблемы могут быть сформулированы на основе следующих подходов: обучать молодых граждан, чтобы они могли найти работу; готовить, прежде всего, кадры, необходимые отраслям экономики, в которых ожидается быстрый рост объемов производства, а, следовательно, и занятости; значительно увеличить объемы переподготовки по сравнению с первоначальным профессиональным обучением.

Понятие «образование в течение всей жизни» начинает активно проникать в сферу интересов как специалистов в области образования, так и политиков. Следует, однако, отметить, что зачастую понятие используется как синоним понятия «непрерывное образование/обучение». Непрерывное образование охватывает все формы и типы, включая образование взрослых, кроме обучения безработных граждан, которое и организационно, и в плане финансирования находится в ведении отдельных ведомств [2].

Концепция обучения в течение всей жизни активно проникает в деятельность образовательных структур на региональном и местном уровнях в форме различных инновационных моделей.

В настоящее время преподавание стало ориентированном на потребности обучающегося, а обучающийся рассматривается как субъект учебного процесса. Получают широкое распространение интерактивные методики обучения. Возрастает объем проектной деятельности обучающихся и доля самостоятельного обучения. Большое значение придается обучению с применением ИКТ и развитию дистанционного обучения [3, 72].

В новой образовательной политике модернизации профессионального образования особое внимание уделяется развитию открытого образования и оптимизации использования ИКТ и тех методов преподавания, которые способствуют формированию практических умений, включая умения анализировать информацию и обучаться самостоятельно. Важнейшей задачей становится формирование у обучающихся ключевых/базовых компетенций (начиная с общеобразовательной школы).

Анализ структурных сдвигов на рынке труда городов Кемеровской области позволяет сделать вывод о приоритете физического труда и связанных с ним специальностей перед умственным трудом, ориентированным на информационное обеспечение рынка товаров, услуг и поддержание функционирования субъектов экономических отношений. Подобное несоответствие рынка труда и рынка образовательных услуг вызывает дополнительное давление на профессионально-квалификационную структуру занятости, когда происходит полная или частичная переподготовка специалистов в соответствии с реальным характером выполняемой работы, вне зависимости от предыдущего образования и квалификации.

Все вышеперечисленное свидетельствует о важности выявления соответствия профессионально-квалификационной структуры свободной рабочей силы и рабочих мест с целью выработки механизма сближения рынка труда и рынка образования и уменьшения дисбаланса спроса и предложения на рабочую силу в аспекте профессионального обучения. Особую важность приобретает и анализ самого рынка образовательных услуг, который, с одной стороны, удовлетворяет потребность личности в получении профессионального образования и повышении образовательного уровня, а с другой, –не удовлетворяет традиционную потребность рынка труда в соответствующих специалистах.

Литература

1. Пальянов М.П., Иванова С.В., Пахомова Е.А., Руднева Е.Л. Создание многофункциональных центров образования как фактор повышения занятости молодежи// Профессиональное образование и занятость молодежи – XXI век. Материалы международной научно-практической конференции. Кемерово, 2013, Ч. 1.
2. Пальянова М.П. Тенденции модернизации взаимодействия социальных партнеров и учреждений профессионального образования // Профессиональное образование и занятость молодежи – XXI век. Материалы международной научно-практической конференции. Кемерово, 2013, Ч. 1
3. Лойко О.Т., Демченко А.Р. Теоретические подходы проведения сравнительно-педагогического исследования систем образования России и зарубежных стран Профессиональное образование и занятость молодежи – XXI век. Материалы международной научно-практической конференции. Кемерово, 2013, Ч. 1.

Клычкова О.В. – старший преподаватель, ВолгГТУ
Ушанов Г.А. - доцент, заведующий кафедрой «физического воспитания», ВолгГТУ
Черных А.Т. – доцент, ВолгГТУ
Федорихин В.В. - старший преподаватель, ВолгГАСУ

ДИНАМИКА РЕКОРДОВ ЕВРОПЫ У ЖЕНЩИН В БЕГЕ НА 100 МЕТРОВ

Чемпионат Европы проводиться с 1934 года. В 1936 году Международная федерация женского спорта вошла в состав ИААФ. Рекорд Европы в беге на 100 метров среди женщин был зафиксирован Международной федерацией женского спорта (Fédération Sportive Féminine Internationale, FSFI) в 1922 году. Начиная с 1966 года на чемпионате Европы, регистрация времени в беге применяется электронный секундомер, ране время измерялось с точностью до десятой доли секунды. В 1976 году первый рекорд Европы в беге на 100 м у женщин был зарегистрирован у юниорки Марлис Гёр – Ольснер (ГДР) с результатом 11,17с.

Официальные рекорды Европы у женщин в беге на 100 м являются представители всего лишь десять стран: Великобритания, Нидерланды, Польша, Голландия, Италия, ГДР, Россия (СССР), Франция, Болгария, Дания. ИААФ утвердила Европейская легкоатлетическая ассоциация (ЕЛА) включает 50 стран (устав конгресса ЕЛА в Париже 7 ноября 1970 года), то 20 % из них можно отнести к «спринтерским». Среди этих стран явно лидирует легкоатлетическая школа ГДР, её спортсменкам принадлежит двенадцать рекорда Европы и два высших достижений Европы (41,19 %). Польша – пять рекордов Европы (14,73 %), Великобритания – два рекорда Европы и два высших достижений Европы (11,77 %), Россия (СССР) – три рекорда Европы (8,84 %). Нидерланды - два рекорда Европы (5,89 %), Франция - рекорд и высшее достижение Европы (5, 73 %). Болгария, Голландия, Италия и Дания по одному рекорду Европы (по 2,94 %). Из тридцати одного рекордов Европы и четыре высших достижений Европы у женщин в беге на 100 м шестнадцать относятся к взрослой категории, девять – к молодежной, шесть – к юниоркам и четыре – к девушкам. Результаты представлены в таблице.

Таблица
Эволюция рекордов Европы женщин в беге на 200 м

Год Установления рекорда	Результат, фамилия, страна/Возрастные группы			
	Женщины	Молодежь до 23 лет	Юниорки до 20 лет	Девушки до 18 лет
1922	12,8М. Лайнс (Великобритания)			
1930	12,0 Т. Шуурман (Нидерланды)			

1932	11,9 Т. Шуурман (Нидерланды)			
1933	11,8 С. Валасевич (Польша)			
1934	11,7 С. Валасевич (Польша)			
1937	11,6 С. Валасевич (Польша)			
1943/1948	11,5 Ф. Бланкерс-Коен (Голландия)			
1956	11,4 Д. Леоне (Италия)		11,6 В. Маркуссен (Дания)	
1959		11,6 Л. Кулешова (СССР)		
1960		11,4 К. Канделиль (Франция)	11,4 И. Пресс (СССР)	11,7 Д. Смарт (Великобритания)
1963	11,3 Дороти Хаймэн (Великобритания)			
1965	11,1 Е. Клобуковска (Польша)		11,3 И. Киршенштейн (Польша)	
1970	11,0 Р. Майсснер – Штехер (ГДР)	11,0 Р. Майсснер – Штехер (ГДР)		
1971			11,1 Э. Штрофаль (ГДР)	11,2 М. Мейер (ГДР)
1973	10,8 Р. Штехер (ГДР)			
1976			11,17 М. Гёр – Ольснер (ГДР)	
1977	10,88 М. Гёр - Ольснер (ГДР)	11,03 М. Мейер – Хаман (ГДР)	10,88 М. Гёр - Ольснер (ГДР)	
1978		10,94 М. Гёр – Ольснер (ГДР)		
1980		10,93 М. Гёр – Ольснер (ГДР)		
1986		10,91 Х. Дрехслер (ГДР)		
1988	10,81 М. Гёр (ГДР)			
1989				11,26 Г. Брёйер (ГДР)
1994	10,77 И. Привалова (Россия)			
1998	10,73 К. Арон (Франция)			
2004		10,77 И. Лалова (Болгария)		
2011				11,18 Д. Уильямс (Великобритания)

Из девяти результатов молодежной возрастной категории за 45 лет (с 1959 года по 2004 год) только один оказался и рекордом Европы и высшим достижение Европы, Ренате Майсснер – Штехер (ГДР) в 1970 году 11,0 с. И из шести высших достижений Европы среди юниорок и рекордом Европы у взрослой категории за 21 год (1956 - 1977года). Это в 1977 году Марлис Ольснер – Гёр (10,88 с). Кроме этого, ни одной спортсменке не удалось показать рекордное время в беге 100 м последовательно во всех четырех возрастных. Только одна спортсменка смогла установить высшее достижение Европы и рекорд Европы в трех последовательных возрастных категориях: Марлис Гёр – Ольснер (ГДР) – в 1976 году среди юниорок (11,17с) и в 1977 году (10,88с), в 1978-м году среди молодежи (11,07с) и в 1980-м году (10,93с), а потом в 1988-м году рекорд Европы среди взрослых (10,81с). В динамике роста рекордов и высших достижений Европы в беге на 100 м у женщин во всех возрастных категория не присущий линейный характер.

В динамике высших достижении Европы девушек в беге на 100 м можно выделить четыре периода роста: первый приходит на 1960 год 11,7 с Дженнифер Смарт (Великобритания); второй через 11 лет в 1971 году Моника Мейер (ГДР) устанавливает рекорд 11,2с. Третий пик прироста через 18 лет, Грит Брёйер (ГДР) улучшает высшее достижение Европы 11,26с. Наступает 22 летняя пауза, и в 2011 году Джоди Уильямс (Великобритания) достигает высшее достижении до 11,18с [1,26; 4,25; 11,24;12,43;15,41]. Таким образом, временные интервалы между приростом высшего достижения Европы в спринтерском беге у девушек составляет от 11 до 22 лет, а шаг прироста самого результата показывает 0,52с или 5,2 %.

У юниорок в динамике рекордов Европы условно три периода. Он начинается с 1956 году Виви Маркуссен (Дания) устанавливает рекорд среди юниорок 11,6с. Через четыре года Ирина Пресс (СССР) улучшает его 11,4с. В 1965 году доводит рекорд до Ирена Киршенштейн (Польша) 11,3с. Это второй период. С 1971 году начинается третий пик Э. Штрофаль (ГДР) устанавливает новый рекорд 11,1с. Спустя пять лет в 1976 году Марлис Гёр – Ольснер (ГДР) показывает рекорд в новом измерении (электронное время) 11,17с. Она же через год в 1977 году устанавливает рекорд Европы среди юниоров, который еще был рекордом и у взрослой категории 10,88с и по сегодняшний день этот рекорд у юниорок [1,26; 2,22; 4,25; 5,8; 6,19; 7,24].

Таким образом, за 21 год с 1956 по 1977 год, юниорки улучшили результат на 0,72с или на 7,2 %. Это больше, чем у девушек. Шаг роста мирового рекорда у юниорок – от 0,1с до 0,29с.

В динамике рекордов Европы среди молодежи у женщин можно выделить четыре периода роста. Первый период начинается с 1959 года Лариса Кулешова (СССР) показывает рекорд 11,6с. Через год в 1960 году

Катрин Канденил (Франция) улучшает рекорд до 11,4с. В 1970 году Ренате Майсснер – Штехер (ГДР) показывает рекорд 11,0с, он же и является рекордом и у взрослой категории. Через семь лет в 1977 году М. Мейер – Хаман (ГДР) доводит рекорд до 11,03с в новом электроном измерении. В этом же периоде Марлис Гёр – Ольснер (ГДР) доводит рекорд до 10,94с. Это второй период. Через два года начинается третий период в 1980-м году Марлис Гёр – Ольснер (ГДР) улучшает свой рекорд Европы среди молодежи 10,93с. Спустя шесть лет Хайке Дрехслер (ГДР) в 1986 году показывает рекорд Европы 10,91с. Затем наступает 18 летняя пауза, и только в 2004 году Ивет Лалова (Болгария) устанавливает новый рекорд Европы среди молодежи 10,77с [1,26; 4,25; 8,22; 9,23; 10,21; 14,41].

Таким образом, рекорд Европы среди молодежи у женщин с 1959 по 2004 год, то есть за 45 лет улучшилось на 0,83с или на 8,3 %. Это выше, чем у девушек и юниорок.

В динамике рекорда Европы у женщин выделяется шесть периодов роста. Это больше, чем во всех рассматриваемых возрастных категориях. Первый период роста рекорда Европы у женщин приходится на довоенное время, которое начинается с 1922 год Мэри Лайнс (Великобритания) устанавливает рекорд 12,8с. В это время рекорд Европы улучшался семь раз и в 1943 год Фанни Бланкерс-Коен (Голландия) доводит до 11,5с. Второй пик начинается с 1956 года Джузепина Леоне (Италия) показывает новый рекорд 11,4с. Наступает семилетняя пауза Дороти Хаймэн (Великобритания) в 1963 году улучшает рекорд до 11,3 с. И еще через два года в 1965 году Ева Клобуковска (Польша) устанавливает новый рекорд 11,1с. Это третий пик роста. Четвертый пик улучшения начинается с 1970 года наступает период немецкой школы Ренате Майсснер – Штехер (ГДР) устанавливает рекорд Европы 11,0с в двух возрастных группах. Через три года она же доводит свой рекорд до 10,8с. Через четыре года в 1977 году стали впервые применять электронное хронометрирование, Марлис Гёр - Ольснер (ГДР) показывает в новом исчислении рекорд 10,88с. Пятый период наступает через одиннадцатилетнюю паузу в 1988 году Марлиз Гёр (ГДР) улучшает рекорд 10,81с. В 1994 году наступает шестой пик роста рекорда Ирина Привалова (Россия) устанавливает рекорд Европы 10,77с. Через четыре года в 1998 году Кристин Арон (Франция) доводит рекорд до 10,73с, который и по сегодняшний день [1,26; 2,22; 3,30; 6,19; 7,24; 13,22].

Таким образом, шаг роста рекорда Европы был в пределах 0,04 – 0,1с. Рекорды женщин в беге на 100 м с 1922 года по 1998 год, то есть за 76 лет был улучшен на 2,07с или на 20,7 % . Эти показатели выше, чем у девушек, юниорок и молодежи.

Динамика рекордов и высших достижений Европы в беге на 100 м у женщин в различных возрастных категория позволяет сделать следующие заключения:

- во-первых, в динамике рекордов и высших достижений Европы у женщин в беге на 100 м различных возрастных групп отсутствует последовательность и преемственность их результатов (так же и у мужчин на это же дистанции).
- во-вторых, так как частота и количество установления рекордов Европы в беге на 100 м больше у женщин, чем у других возрастных категориях, а, следовательно, технологии тренировки взрослых спортсменок является определяющими по отношению к результатам и технологиям тренировки бегуний на короткие дистанции среди молодежи, юниорок и девушек.

Список литературы:

1. Шаги рекордов // Легкая атлетика. – 1965. - № 12. – С. 26 – 28.
2. 25 лучших легкоатлетов мира // Легкая атлетика. – 1961. - № 6. – С. 22 – 24.
3. Рекорды Европы на 1965 год // Легкая атлетика. – 1966. - № 10. – С. 30 – 32.
4. Рекорды Европы на 1970 год // Легкая атлетика. – 1971. - № 4. – С. 25 – 26.
5. Европейские рекорды юниоров // Легкая атлетика. – 1973. - № 5. – С. 8 – 9.
6. 25 лучших легкоатлетов мира и 50 лучших легкоатлетов СССР в 1976 году // Легкая атлетика. – 1977. - № 2. – С. 19 – 23.
7. 25 лучших легкоатлетов мира и 50 лучших легкоатлетов СССР в 1977 году // Легкая атлетика. – 1978. - № 2. – С. 24 – 26.
8. 25 лучших легкоатлетов мира и 50 лучших легкоатлетов СССР в 1978 году // Легкая атлетика. – 1979. - №2. – С. 22 – 24.
9. Лучшие легкоатлеты мира 1980 года, женщины // Легкая атлетика. – 1981. - № 2. – С. 23 – 25.
10. Лучшие легкоатлеты мира 1986 года, женщины // Легкая атлетика. – 1987. - № 2. – С. 21 – 22.
11. Лучшие легкоатлеты мира 1988 года, женщины // Легкая атлетика. – 1989. - № 1. – С. 24 – 26.
12. Лучшие легкоатлеты мира 1989 года // Легкая атлетика. – 1990. - № 1. – С. 43 – 47.
13. Лучшие легкоатлеты мира 1994 года (женщины)// Легкая атлетика. – 1995. - № 2. – С. 22 – 26.
14. Лучшие легкоатлеты мира женщины // Легкая атлетика. – 2005. - № 2 -3. – С. 41 – 43.
15. Лучшие легкоатлеты Мира и России 2011 // Легкая атлетика. – 2012. - № 2 - 3. – С. 41 – 42.

Подкаменная Е.В.
кандидат педагогических наук, доцент кафедры иностранных языков для специальных целей, ФГБОУ ВПО «Иркутский государственный лингвистический университет»

Заграйская Ю.С.
кандидат педагогических наук, доцент кафедры рекламы и связей с общественностью, ФГБОУ ВПО «Иркутский государственный лингвистический университет»

ВОЗМОЖНОСТИ ИНТЕГРАЦИИ ИНОСТРАННОГО ЯЗЫКА С ДИСЦИПЛИНАМИ ПРОФЕССИОНАЛЬНОГО ЦИКЛА В КОНТЕКСТЕ НОВОЙ СТУПЕНИ РАЗВИТИЯ ВЫСШЕГО ОБРАЗОВАНИЯ В РОССИИ

В 2011г. Россия перешла на двухступенчатую систему высшего образования, что явилось следующим шагом интеграции в международное сообщество. Формирование единого европейского пространства высшего образования инициировано Болонской декларацией и обуславливает серьезную переоценку сложившихся подходов к целям, задачам, технологиям обучения.

Одними из приоритетных направлений развития европейского образования до 2020 г. являются международная открытость, подразумевающая обмен опытом между странами, знание иностранных языков, партнерство и активное членство выпускников в международных ассоциациях, и мобильность. Уже сейчас в современном глобализированном мире выпускникам различных вузов приходится работать в мультикультурной среде, охватывающей и профессиональную сферу. Соответственно, в настоящее время владение иностранным языком является неотъемлемой частью непрерывного, диверсифицированного и гибкого образования, способом достижения поставленных Болонской декларацией задач.

Федеральные государственные образовательные стандарты третьего поколения основаны на компетентностном подходе и предполагают ориентацию обучения на подготовку специалиста, готового решать профессиональные задачи, обладающего необходимыми для этого знаниями, способного добиваться результатов и владеть ситуацией профессионального общения, в т.ч. и на иностранном языке.

Следовательно, необходим поиск путей повышения уровня иноязычной профессиональной компетенции выпускников различных направлений подготовки.

Одним из таких путей может быть взаимодействие преподавателей иностранного языка и преподавателей профессиональных дисциплин. Сотрудничество преподавателей языковых и профилирующих кафедр может осуществляться в различных формах: разработке программ, УМКД, определении содержания и средств обучения. В идеале взаимодействие преподавателей кафедр иностранного языка и преподавателей профилирующих кафедр должно осуществляться на всех этапах организации образовательного процесса [1,251].

Роль преподавателя профилирующей кафедры может заключаться в организации содержания профессионального общения: подготовка тем, текстов, проблем, заданий, моделирующих профессиональную деятельность.

Преподаватель иностранного языка со своей стороны может помочь в отборе и анализе литературы на иностранном языке для дисциплин профессионального цикла

Опыт преподавания показывает, что если обучение иностранному языку в профессиональной сфере осуществляется после изучения дисциплин на русском языке, то студенты более эффективно осваивают специальную лексику и легко вступают в ситуации профессионального общения на иностранном языке, поскольку знакомы с большинством базовых понятий. Кроме того, обеспечивается возможность закрепления ранее изученного материала и расширение кругозора в профессиональной сфере за счет включения нового тематического материала, развитие профессиональных компетенций за счет выбора методов и форм обучения, приближенных к реальной профессиональной деятельности.

Определение сфер и ситуаций иноязычного общения, видов и задач профессиональной деятельности, выступающих в качестве основы содержания обучения профессиональному иностранному языку, формирование профессиональной иноязычной коммуникативной компетенции студентов может быть эффективным лишь в результате совместной деятельности профилирующих кафедр и кафедры иностранных языков.

Однако по объективным причинам тесное взаимодействие кафедры иностранных языков и профилирующих кафедр не всегда является возможным и безоговорочно эффективным. Другим вариантом решение проблемы, на наш взгляд, является преподавание профессиональных дисциплин на иностранном языке или в интеграции иностранного и родного языка. Судя по собственному опыту, этот путь является наиболее эффективным. Во-первых, мотивация студентов к изучению иностранного языка повышается в несколько раз. Не будем лукавить, часто отношение к иностранному языку и к преподавателю иностранного языка в профессиональной сфере, не достаточно серьезное, даже иногда надменное: «Мы-то лучше знаем профессиональные дисциплины, а Вы всего лишь преподаватель иностранного языка». А вот когда преподаватель профессиональных дисциплин говорит на иностранном языке, объясняет профессиональные термины, принятые за рубежом, включает в программу чтение литературы на иностранном языке, значительно увеличивается авторитет преподавателя и мотивация студентов к использованию иностранного языка.

Согласно проекту Иркутского государственного лингвистического университета на кафедре рекламы и связей с общественностью уже третий год осуществляется преподавание некоторых профессиональных дисциплин на иностранном языке или в интеграции иностранного и родного языка.

Читаются курсы «Брендинг» и «Мастер-класс по работе с текстами в рекламе и связях с общественностью», «Логика и теория аргументации», «Теория и практика коммуникации». В рамках курса часть лекций читается на английском языке, также в обязательном порядке студенты читают литературу на иностранном языке, с последующим ее обсуждением на английском или на русском, в зависимости от уровня подготовки обучаемых (дисциплины согласно учебному плану ведутся не только на втором и третьем курсе, но и на первом). Лекции сопровождаются презентацией и видео на английском языке.

Специально для дисциплины «Мастер-класс по работе с текстами в рекламе и связях с общественностью» нами разработано учебно-методическое пособие «Publicity and PR-texts», знакомящее студентов с особенностями написания англоязычных PR-текстов, содержащее как теоретическую информацию, так и практические задания.

Поскольку сама специальность «Связи с общественностью» зародилась на западе, дисциплины профессионального блока предполагают обязательное изучение литературы зарубежных авторов. Переводная литература не всегда точно передает смысл описываемых явлений, поэтому чтение литературы на иностранном языке позволяет более глубоко изучить предмет, познакомиться с более широким кругом авторов, т.к. далеко не все источники переведены на русский язык.

Кроме того, использование информации на иностранном языке дает возможность своевременно узнавать о новых тенденциях и фундаментальных исследованиях, делает студентов более гибкими и готовит их к реальному взаимодействию со своими зарубежными коллегами.

Литература

1. Сипайлова Н. Ю., Малетина Л. В. Инновационная технология: обучение в сотрудничестве // Известия ТПУ. 2006. №5. URL: http://cyberleninka.ru/article/n/innovatsionnaya-tehnologiya-obuchenie-v-sotrudnichestve (дата обращения: 11.08.2013).

Kozhemyakina O.A.
the candidate pedagogical sciences, FGBOU VPO «NGPU», Novosibirsk,
olgaleko@mail.ru

TECHNOLOGY SOCIAL ADAPTATION DISADVANTAGED TEENAGERS

Social adaptation - the process of active adaptation of the individual to the social environment conditions, type of interaction between the individual and the social group with the social environment, the result of harmonization of relations between subject and social environment. Social adaptation is a focused interaction of the elements of social consciousness and behavior of the subject and the value system of the external environment for him to establish conformity between them and overcome differences relationships. Adapting acts as a kind of public relations, processes, activities, and social institutions that optimize and guide its development. All of the major psychological and pedagogical aspects of identity formation can not be effective without addressing the social adaptation of the person, including the means of cultural and leisure activities.

Thus, enhanced the importance of the social adaptation of technology deprived teenagers by means of cultural and leisure activities. Despite the fact that the problem of social and psychological adjustment widely reported in the scientific literature, is now virtually non-existent technologies of social adaptation of adolescents by means of cultural and leisure activities. In this regard, there is a contradiction between the need of modern society in the social adaptation of the person deprived teens and inefficient use of psycho-pedagogical, creative and educational potential of technologies of cultural and leisure activities. This contradiction has defined research problem, which is to develop new technological approaches in the theory and practice of cultural and leisure activities aimed at social adaptation of disadvantaged adolescents, the study identified the theme "Technology Social Adaptation deprived teenagers by means of cultural and leisure activities."

The purpose of the study - to construct the model and develop the technology of social adaptation of disadvantaged teenagers by means of cultural and leisure activities. The results indicate that employment with teenagers developed technology using methods of types and forms of cultural and leisure activities helped to raise the level of social adaptation of adolescents.

Following an initial diagnosis of most deprived teenagers had the lowest level of social adaptation. A model of social adaptation of disadvantaged teenagers by means of cultural and leisure activities. Following the model developed, the diagnostic measurements were carried out at each stage of the technology, namely the measurement of the initial level, after correction and pedagogical work and after the stage targeted social adaptation of disadvantaged young people. The results showed that both the primary diagnosis of social adaptation factor had - 0.9, which means maladjustment adolescents. After the first phase of the formative experiment there was an increase level of social adaptation in the experimental group and 1.9 points, i.e., has improved, and the control phase of the experiment parameters of the experimental group increased significantly to 2.4 points, i.e., took to the average level of adaptation. In the control group, significant differences were not observed.

Following the socio- pedagogical work with embedded methods, types and forms of cultural and leisure activities in order to create social adaptation, test scores in the experimental group were higher than in the control group, which confirms the effectiveness of the developed technology. It was found that the experimental group increased organizational skills, creative games, initiative, independence; interest rates declined such personal manifestations of social adaptation of disadvantaged young people, as diligence, passive, less manifest disorganization.

The process of social adaptation of disadvantaged young people will be more effective if the following pedagogical conditions : compliance with the goals and objectives of education and social and cultural environment , the creation of an environment conducive to the formation of social adaptation deprived of personality in creative activity ; phased implementation methodologies; integrated approach , the creation of a single program to build social adaptation of disadvantaged young people in social and rehabilitation facilities .

The received results have allowed developing a lot of recommendations devoted an indispensability to carry out a pedagogical management of social adaptation disadvantaged teenagers in the special-purpose centers of social protection which is provided with following requirements:
- Joint cultural and leisure activities, in which the subject is an active participant in the process, allowing it to work show individuality in solving social problems, independence, etc.;
- Intensification , which is achieved by integrating the content of education and training activities subject to , the use of active , innovative methods, tools of social and cultural activities;
- The roles, implemented on the basis of personal and role-based approach to education , which involves overcoming the separation of the pupil and teacher through the meaningful and purposeful communication in cultural and leisure activities;
- Forming a unity and the diagnostic approaches that take into account the individuality of the process of social adaptation, which involves the study of subjects and forms the basis of development of variant leisure facilities for each individual.

Thus, social and pedagogical potential of leisure may be more fully utilized in the formation of social adaptation of adolescents. This can be achieved by improving adolescent general cultural level, and involving them in a meaningful way and leisure activities.

УДК 636.5.034

Чекалева А.В.
аспирант кафедры зоотехнии и биологи ФГБОУ ВПО Вологодская молочнохозяйственная академия имени Н.В.Верещагина, главный технолог ООО «Вологодский центр птицеводства»
Гуляев Е.Г.
профессор, д-р с.-х. наук
ФГБОУ ВПО Вологодская молочнохозяйственная академия имени Н.В.Верещагина (ФГБОУ ВПО ВГМХА имени Н.В. Верещагина

ПРОДЛЕНИЕ ПРОИЗВОДСТВЕННЫХ СРОКОВ ИСПОЛЬЗОВАНИЯ КУР-НЕСУШЕК

Аннотация: Для изучения влияния увеличения производственных сроков использования несушек Ломанн ЛСЛ Классик на их яичную продуктивность и качество продукции проведен опыт в ООО «Вологодский центр птицеводства» Вологодской области.

Summary: For studying of increased production periods of Lomann White Classic egg-laying hens using on egg efficiency and quality an experiment is being made at 'The Vologda poultry farm' Co., Ltd in Vologda Region.

Ключевые слова: птицеводство, куры-несушки, яйценоскость, увеличение производственных сроков использования.

Keywords: poultry farming, egg-laying hens, egg efficiency, increased production periods of using.

Птицеводство – это одна из наиболее перспективных отраслей в сельском хозяйстве, позволяющая в короткий срок произвести продукцию, ценную для человека и экономически выгодную для хозяйств.

На современном этапе развития промышленного птицеводства одной из основных задач является снижение затрат на производство продукции и повышение ее качества. Для этого необходимо создать условия содержания и кормления птицы, обеспечивающие максимальную реализацию генетически обусловленных потенциальных возможностей организма[1,2].

Производственный цикл птицефабрики должен базироваться на технологических схемах, обеспечивающих высокую эффективность эксплуатации и рациональное соотношение птичников для выращивания молодняка и содержания взрослого стада. При этом учитывается, как реальные возможности самого хозяйства, так и особенности технологических схем (табл. 1), предусматривающих перевод молодняка в птичник для кур-несушек [3].

1. Технологические схемы выращивания ремонтного молодняка и содержания кур несушек.

Показатели	Стандартное содержание (72 нед.)	Удлиненное содержание (80 нед.)	Удлиненное содержание (92 нед.)
Период выращивания молодняка до пересадки, дней.	115	115	115
Продолжительность профилактического перерыва в птичниках для выращивания молодняка, дней.	21	21	21
Продолжительность одного оборота (цикла) использования птичника для выращивания молодок, дней.	136(115+21)	136(115+21)	136(115+21)
Число оборотов (циклов) выращивания молодок за цикл содержания несушек.	3	3,43	4
Продолжительность использования птичников для выращивания молодняка за несколько оборотов (циклов), дней.	408 (136*3)	466 (136*3,43)	544 (136*4)
Продолжительность содержания молодняка в цехах несушек (доращивание) до 22-недельного возраста, дней.	35 (150-115)	35 (150-115)	35 (150-115)
Продолжительность эксплуатации (яйценоскости) кур несушек, дней.	354 (504-150)	410 (560-150)	488 (638-150)
Продолжительность профилактического перерыва в птичниках для кур-несушек, дней.	21	21	21
Продолжительность цикла в птичниках для кур несушек, дней.	410 (35+354+21)	466 (35+410+21)	544(35+488+21)
Возраст кур несушек в момент убоя, дней.	504 (150+354)	560 (150+410)	638(150+488)

В 1 и 3 схемах продолжительность технологического цикла использования помещений для кур-несушек точно соответствует продолжительности определенного числа циклов (оборотов) использования помещений для выращивания молодняка, при этом выдерживается кратность 1:3 или 1:4. Это обеспечивает эффективное использование птицеводческих помещений без длительных их простоев.

При продлении производственного использования несушек до 560 дней, схема 1:3 сохраняется, при этом течении 3-х лет, птичник для молодняка будет свободен 56 дней (простой).

При продлении производственного использования несушек до 638 дней, уже используется схема 1:4, в результате чего появляется возможность экономии инвестиционных ресурсов на ввод дополнительных мощностей для выращивания ремонтного молодняка кур.

В производстве яиц одним из важнейших экономических показателей является способность несушки, начиная с первого яйца и на протяжении, как можно долгого периода, нести товарное яйцо. То есть наряду с количеством яиц, снесенных в один определенный период, важным параметром является качество, которое определяет ценность и оказывает тем самым существенное влияние на возможность реализации по более выгодным ценам. Особенно качество скорлупы яйца на последнем этапе продуктивного периода являются решающим для эффективности продолжительного производственного периода [4].

В статье, опубликованной в первом номере журнала «Птица и птицепродукты» за 2013 г., были представлены результаты научно хозяйственного опыта и расчет экономического эффекта от продления производственных сроков использования кур-несушек кросса Ломанн ЛСЛ Классик до 92-недельного возраста, а также данные по исследованию товарных показателей качества яиц [5].

Результаты производственной проверки (табл.2) подтвердили выводы, сделанные на основании проведённых производственных опытов по сравнительному изучению увеличения сроков производственного использования кур-несушек кросса Ломанн ЛСЛ Классик.

2.Анализ стандартной и увеличенной продолжительности содержания

Показатель	Базовый вариант 72 нед.	Новый вариант 80-89 нед.
Отход птицы за период, гол	12914	23478
Сохранность поголовья, %	93,7	88,6
Начальное поголовье, гол.	206697	206697
Поголовье на конец периода, гол.	193783	183219
Среднее поголовье, гол	202032	196660
Валовое производство за период	67046030	81401480

содержания (со150 дней), шт.		
Интенсивность яйценоскости за период, %	93,75	91,98
Яйценоскость на несушку, шт.: начальную среднюю	324,37 331,86	393,82 413,92
Средняя масса яиц, г	62,6	63,5
Выход яичной массы на несушку, кг: начальную среднюю	20,31 20,77	25,00 26,28
Затраты корма: всего, кг на 1 голову в сутки, г на 10 яиц, кг на 1 кг яичной массы, кг	8705336 122,8 1,30 2,07	10851336 122,6 1,33 2,09

В сравнении с базовым вариантом, в новом варианте за период содержания кур несушек до 80-89 недель были получены следующие результаты:

- в результате продления срока содержания птицы увеличивается абсолютное производство яиц за весь период с 67,046 млн. шт. в базовом варианте за 72 нед. до 81,401 млн. шт. в новом варианте за 80-89 нед. (по разным птичникам) или на 21,4%;

- за счет дополнительного использования птицы в возрасте старше 72 нед. – незначительно снижается средняя интенсивность яйценоскости за продуктивный период с 93,75% до 91,98%, что естественно;

- соответственно за счет продления срока содержания – увеличивается продуктивность на начальную несушку с 324,37 шт/гол до 393,82 шт/гол. или на 21,4%, и на среднюю с 331,86 шт/гол до 413,92 шт/гол. или на 24,7%;

- увеличился выход яичной массы на начальную несушку с 20,31 кг до 25,00 кг и на среднюю несушку с 20,77 кг до 26,28 кг;

- несколько увеличились затраты корма на 10 яиц и 1 кг яичной массы с 1,30 и 2,07 кг в 72-недельном возрасте до 1,33 и 2,09 кг в 89-недельном возрасте, т. е. на 2,31 и 0,97% соответственно.

Средняя продуктивность по всем партиям птицы, участвовавших в производственной проверке отражены на рис.1

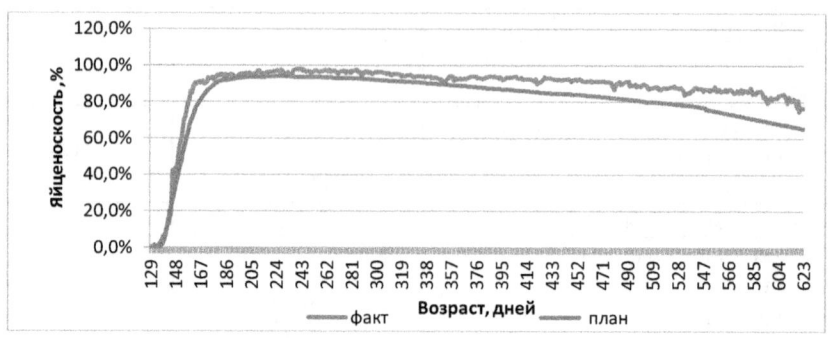

Рис.1 Динамика продуктивности

Расчет среднегодовой экономической эффективности (табл.3) при технологии удлиненного до 623 дней (новый вариант) и стандартного до 504 дней (базовый вариант) содержания несушек производили по той же методике, что и в опыте (А.Ш. Кавтарашвили) [6,7].

3. Экономические показатели содержания птицы в условиях стандартного и удлиненного цикла

Показатели	Базовый вариант 72 нед.	Новый вариант 80-89 нед.
Начальное поголовье кур, гол	206 697	206 697
Себестоимость 1 головы ремонтного молодняка (за 0-150 дней), руб.	122,5	122,5
Себестоимость поголовья ремонтного молодняка для комплектации взрослого стада, руб.	25 320 383	25 320 383
Конечное поголовье кур, гол	193 783	183 219
Среднее поголовье кур, гол	202 032	196 660
Произведено яиц, шт.: всего на 1 среднюю несушку	67 046 030 331,86	81 401 480 413,92
Расход корма: всего, кг на 1 голову в сутки, г на 10 яиц, кг	8 705 336 122,8 1,30	10 851 336 122,6 1,33
Стоимость корма, руб.: 1 кг всего	9,04 78 696 237	9,03 97 987 564
Затраты за продуктивный период кур (со 150-дневного	104 928 317	130 650 085

возраста), руб.		
Совокупные затраты за период выращивания и содержания кур, руб.	130 248 699	155 970 467
Себестоимость 10 яиц, руб.	19,16	19,43
Реализационная цена 10 яиц, руб.	23,19	22,97
Выручка от реализации всех яиц, руб.	154 004 731	199 770 032
Реализационная цена 1 головы кур в конце продуктивного периода, руб.	32	32
Выручка от реализации конечного поголовья кур, руб.	6 201 056	5 863 008
Совокупная выручка от реализации яиц и кур, руб.	160 205 787	194 633 040
Прибыль за один законченный технологический цикл, руб.	29 957 088	38 662 572

Продолжительность технологических циклов в новом и базовом вариантах представлена в табл.4.

4. Продолжительность технологического цикла в условиях стандартной и удлиненной технологии, дней

Технологический период	Базовый вариант 72 нед.	Новый вариант 89 нед.
Период выращивания молодняка до пересадки	115	115
Продолжительность профилактического перерыва в птичниках для выращивания молодняка	21	21
Продолжительность содержания молодняка в цехе несушек (доращивание до 150-дневного возраста)	35	35
Продолжительность эксплуатации (яйценоскости) кур несушек	354 (504-150)	473 (623-150)
Продолжительность профилактического перерыва в птичниках для кур-несушек	21	21
ИТОГО	546 (17, 9 мес.)	665 (21, 8 мес.)

Таким образом, продолжительность технологического цикла при удлиненном содержании кур в новом варианте (до 686-дневного возраста) составила 665 дня(115+21+35+473+21) или 21,8 мес., а при стандартном содержании (до 502-дневного возраста) – 546 дня (115+21+35+354+21) или 17,9 мес.

Продолжительность сопоставимого периода (СП) для базового и нового варианта рассчитана по следующей формуле:

СП = XY, где:

X и Y – продолжительность технологического цикла в базовом и новом вариантах (17,9 и 21,8мес.)соответственно,

СП=17,9*21,8=390 мес.

Следовательно, продолжительность сопоставимого периода для базового и нового варианта составляет 390 мес.,

Расчет среднегодового экономического эффекта (Э) продленного использования кур-несушек рассчитан по формуле:

Э = [(П2 * X) – (П1 * Y)] : СП * 12

П1 и П2 – прибыль за законченный технологический цикл в базовом и новом варианте (за 17,9 и 21,8 мес.) соответственно;

СП – продолжительность сопоставимого периода (365мес.);

12 – месяцев в году;

Э = [(38662572*17,9) – (38662572*21,8)]:390*12= 2490322руб.

Таким образом, среднегодовой экономический эффект от использования удлиненной технологии (до 89 нед.) содержания 206697 голов кур промышленного стада составил 2 490 322 рублей или 12,05 рублей на 1 начальную несушку.

Также по предложенной А.Ш. Кавтарашвили и И.И. Голубова формуле [8] был произведен расчет минимального порога экономической безопасности производства. В нашем случае продуктивность кур- несушек должна быть не ниже 63,65%. Минимальная яйценоскость стад участвовавших в производственной проверке находился на уровне 76,45%

Выводы:

1. В результате проведенных исследований установлен оптимальный срок использования кур несушек кросса Ломанн ЛСЛ Классик. Он может варьировать от 80- до 92-недельного возраста, в зависимости от сезонного спроса на продукцию.

2. Продление срока производственного использования кур-несушек позволяет эффективно использовать птицеводческие помещения. Технологическая схема 1:4 (один птичник молодняка для четырех птичников промышленных кур-несушек) в отличие от традиционной системы содержания 1:3 (один птичник молодняка для трех птичников промышленных кур-несушек) позволяет экономить инвестиционные ресурсы на ввод дополнительных мощностей для выращивания ремонтного молодняка кур.

Следует заметить, что показатель использования птицемест при промышленном содержании кур-несушек, является важным экономическим показателем эффективности производства. На этот показатель прямо влияет уровень выживаемости птицепоголовья на протяжении всего производственного процесса. По результатам производственного опыта он находился на уровне 91,3% производственной проверки – 88,6%, что соответствует эффективному уровню использования птицемест (не менее 85%).

3. Установлено, что уровень продуктивности кур перед забоем в возрасте 92 недель составил 76,45%, а минимальный порог экономической безопасности производства яиц – 63,65%, что говорит о целесообразности пролонгированного содержания кур-несушек в условиях наших предприятий.

4. Достигнута стабильность показателей качества яйца (прочность скорлупы, качество белка и желтка и т. д.) И установлено, что при соблюдении всех технологических параметров, на протяжении производственного периода сохраняется высокая товарность полученной продукции.

Список литературы

1. Фисинин В.И., Кавтарашвили А.Ш., Имангулов Ш.А. Биологические основы повышения эффективности производства куриных яиц. – Сергиев Посад, 1999. – 180 с.

2. Фисинин В.И., Имангулов Ш.А., Кавтарашвили А.Ш. Повышение эффективности яичного птицеводства. – Сергиев Посад, 2001. – 142 с.

3. Фисинин В.И., Кавтарашвили А.Ш., Егоров И.А. и др. Прогрессивные ресурсосберегающие технологии производства яйца – Сергиев Посад, 2009. – 167с.

4. В. Бонитц Устойчивость и продолжительность яйцекладки - особое преимущество продуктов Ломанна. – LOHMANN TIERZUCHT GMBH – Германия, 2006. – 7 с.

5. Чекалёва А.В. Влияние увеличения производственных сроков использования несушек кросса Ломан ЛСЛ-Классик на их яичную продуктивность и качество продукции // Птица и птицепродукты №1–2013 – С. 54–57

6. Кавтарашвили А. Срок эксплуатации несушек можно продлить // Животноводство России. – 2004. – № 8. – С. 19–20.

7. Кавтарашвили А.Ш. Принудительная линька. Современные аспекты. Иммунитет // Материалы VIII международного ветеринарного конгресса по птицеводству. – Москва, 2012. – С. 167–173.

8. Кавтарашвили А.Ш., Голубев И.И. Методика оценки срока эксплуатации кур-несушек яичных кроссов // Птицеводство. – 2013. – №1– С. 17–20.

Тедтова В.В.
доцент, д. с.-х. н., профессор Северо-Осетинского государственного университета им. К.Л. Хетагурова, bv_viktoria@mail.ru

Смелков З.А.
аспирант Северо-Осетинского государственного университета им. К.Л. Хетагурова

ЭКОЛОГИЧЕСКАЯ ХАРАКТЕРИСТИКА КОРМОВ И ИХ ВЛИЯНИЕ НА РОСТ И РАЗВИТИЕ БЫЧКОВ ГЕРЕФОРДСКОЙ ПОРОДЫ

Работами ряда ученых доказано, что новые технологии выращивания скота, специфичность реакции организма, в зависимости от породных особенностей, на действие факторов внешней среды, в том числе кормовой и экологической характеристики кормов местного производства, оказывают влияние на развитие и соотношение пластического материала в организме животных, на выход и качество мяса [2, 2; 3, 60].

Республика Северная Осетия – Алания относится к наиболее загрязненным тяжелыми металлами территориям в РФ вследствие высокой концентрации промышленных объектов в г. Владикавказе. Тяжелые металлы обладают высокой биологической активностью, имеют тенденцию аккумулироваться в отдельных звеньях биологического круговорота и по трофическим цепям попадать в организм животных, накапливаясь, отрицательно действуют на их жизнедеятельность. Токсическое действие тяжелых металлов объясняется тем, что они образуют с белками нерастворимые соединения, изменяя свойства и инактивируя ряд жизненно важных ферментов [1, 9].

Целью работы является изучение экологической характеристики кормов в которых наблюдается избыточное содержание тяжелых металлов и эффективность производства говядины на техногенных территориях.

Для достижения поставленной цели в условиях СПК «Рубин» РСО – Алания Пригородного района на бычках герефордской породы был проведен научно-хозяйственный опыт, для чего методом пар аналогов были сформированы 4 группы по 10 голов в каждой.

В ходе исследований бычки 1 (контрольной) группы получали основной рацион (ОР), а животным 2, 3 и 4 (опытных) групп к ОР добавляли хелатон в количествах 0,5; 1,0 и 1,5 г/100кг живой массы.

При постановке научно-хозяйственного опыта ежемесячно отбирались средние образцы всего ассортимента кормов, имевшегося в хозяйстве. В кормах, использовавшихся в рационах подопытных животных, изучали содержание тяжелых металлов.

Из всего перечня кормовых средств к кормам собственного производства относились зеленая масса травы овес+вика, силос кукуруза+сорго, сено суданской травы и злаково-зерновая смесь.

Основу концентрированных кормов собственного производства составляла злаково-зерновая смесь.

Результатами химических исследований было установлено избыточное содержание цинка, свинца и кадмия во всех кормах собственного производства.

Исходя из показателей химического состава и питательности имевшегося ассортимента кормов, составили рационы животных, сбалансированные в соответствии с детализированными нормами кормления РАСХН.

Важным условием при нарушении экологии питания для жвачных животных является соблюдение сахаро-протеинового отношения рациона. Этот показатель рациона бычков составил в возрасте 6-9 месяцев – 0,99 : 1,0; в возрасте 9-12 месяцев – 1,2 : 1,0; в возрасте 12-15 месяцев – 1,05 : 1,0 и в возрасте 15-18 месяцев – 0,97 : 1,0, что соответствовало нормам кормления.

В ходе научно-производственного эксперимента изучили содержание тяжелых металлов в суточных рационах бычков герефордской породы в зависимости от возрастного периода. В рационах кормления подопытных бычков сравниваемых групп было превышение нормы по цинку соответственно: в возрасте 6-9 мес. – в 2,14 раза; 9-12 месяцев в 2,48; в возрасте 12-15 месяцев – в 1,90 и в возрасте 15-18 месяцев – в 1,90 раза. В эти возрастные периоды в рационах подопытных бычков было установлено наличие свинца в количестве – 124,26; 192,46; 216,96 и 264,00 мг и кадмия – 10,27; 13,27; 14,91и 18,18 мг соответственно.

Изменения суточного потребления питательных веществ с кормами подопытными животными происходили прямо пропорционально их скорости роста. В зависимости от наличия ассортимента кормов в хозяйстве состав объемистых и концентрированных кормов в рационе оставался прежним. Но соотношение грубых, сочных и концентрированных кормов по питательности в рационах всех групп соответствовал предъявляемым требованиям.

Установлено, что структура рационов подопытных животных по общей питательности во все возрастные периоды была относительно стабильной и соответствовала существующим нормам кормления.

Путем взвешивания заданного количества кормов и их остатков рассчитали фактическую поедаемость кормов животными сравниваемых групп.

С учетом поедаемости кормов рассчитали количество энергетических кормовых единиц (ЭКЕ), обменной энергии и переваримого протеина в кормах, потребленных за опыт одной головой.

По уровню потребленного с кормами обменной энергии, кормовых единиц и переваримого протеина между аналогами сравниваемых групп также не было существенных различий.

При откорме молодняка крупного рогатого скота в условиях нарушения экологии питания существенную роль следует уделять эффективности использования кормов, то есть конверсии питательных веществ в продукцию. Избыточное содержание ионов цинка, свинца и кадмия в кормах накладывает свой отпечаток на динамику роста молодняка жвачных животных.

По результатам опыта установлено, что в условиях интоксикации тяжелыми металлами самой высокой интенсивностью роста отличались бычки 3 опытной группы, которые в возрасте 18 месяцев имели достоверно ($P<0,05$) большую съемную массу тела в сравнении с контролем.

Абсолютный прирост живой массы бычков черно-пестрой породы составил 248,69 кг. Самой высокой энергией роста отличались животные 3 группы, которые по сравнению с аналогами контрольной группы имели достоверно ($P<0,05$) более высокий показатель абсолютного прироста массы тела на 14,98%.

Установлено, что лучшей оплатой корма продукцией отличались животные 3 опытной группы, которые против контроля на 1 кг прироста израсходовали меньше ЭКЕ на 10,6% и переваримого протеина - на 10,5%.

Следовательно, более высоким продуктивным потенциалом в условиях повышенного содержания тяжелых металлов в рационах отличались бычки 3 опытной группы, которые получали препарат хелатон в количестве 1,0 г/100кг живой массы, что благоприятно сказалось на их продуктивности.

Литература

1. Баева З.Т., Кокаева М.Г., Цопанова З.Я. Особенности переваривания и усвоения питательных веществ у бычков, откармливаемых на рационах с повышенным содержанием тяжелых металлов. – Владикавказ 2012. – С. 9-11.

2. Засеев Р.К. Эффективность использования препаратов аэросил и тетацинкальций в рационах молодняка крупного рогатого скота на откорме. /Дисс. на соискание степени доктора с. – х. н./ – Владикавказ. – 2007. – С. 310.

3. Стрекозов Н.И. и др. Состояние и перспективы развития животноводства в Российской Федерации. // Зоотехния. 2007. №2. – С. 2-4.

Устинова О.В.
доцент, к.с.н., Тюменский государственный нефтегазовый университет, sema_79@bk.ru
Ракша И.Р.
соискатель, Тюменский государственный нефтегазовый университет, igraksha@bk.ru

РОЛЬ ГОСУДАРСТВЕННОЙ ПОДДЕРЖКИ В СТАНОВЛЕНИИ СОЦИАЛЬНО ОТВЕТСТВЕННОГО ПРЕДПРИНИМАТЕЛЬСТВА

Роль малого предпринимательства в социально-экономическом развитии страны сложно переоценить. Оно является непременным элементом развития общества, условием его жизнестойкости, динамичности, выживания и развития. К основным функциям малого предпринимательства в общественном развитии относятся: развитие отраслей народного хозяйства; повышение занятости населения; участие субъектов малого предпринимательства в социальном развитии территорий; возможность претворения в жизнь достижений человеческого интеллекта, научно-технических результатов, повышение ее наукоемкости; насыщение рынка товарами народного потребления и другие.

Малое предпринимательство как форма проявления общественных отношений не только воздействует и изменяет самого предпринимателя, его образ жизни, но и способствует повышению материального и духовного потенциала общества, создает благоприятную почву для практической реализации способностей и творчества индивидов, ведет к единению наций, сохранению национального духа и гордости.

В этом аспекте особое значение приобретают проблемы становления социально ответственного бизнеса и роли государственной поддержки в этом процессе.

Под социальной ответственностью бизнеса понимается такое поведение субъектов предпринимательства, которое принимает во внимание все возможные негативные и позитивные последствия своей деятельности в области экологии, экономики и социальной сферы, следуя целям своего развития и обеспечивая вклад в развитие общества. [1, 26] Социальная ответственность – это также способность к социальному взаимодействию власти, бизнеса и общества, более того, потребность в их социальном взаимодействии. [2, 64] Иными словами, социальная ответственность – это ответственность организации за влияние ее решений и деятельности на общество и окружающую среду через прозрачное и этичное поведение, которое согласуется с устойчивым развитием и благосостоянием общества.

Таким образом, организации несут ответственность перед обществом, и поэтому должны направлять часть своих ресурсов и усилий на его социальное развитие. Социальная ответственность отличается от юридической, поскольку, во-первых, не закреплена законодательно, а, во-вторых, строиться на добровольной основе. Как справедливо отмечает А.В. Безгодов, «социальная ответственность отличается от юридической и представляет собой добровольный отклик организации на социальные потребности и проблемы своих работников, жителей города, края, страны, мира». [3, 29]

Е.Ю. Савичева отмечает, что «зарождение на современном этапе новой идеологии ведения бизнеса, основанной на осознании предпринимателями зависимости уровня их экономического развития от степени решения социальных проблем в данном обществе и состояния социальной сферы в целом. Представив уровень социальных обязательств малого бизнеса, можно констатировать, что в данной области складывается сложная и весьма тревожная ситуация. В основной своей массе малые предприятия находятся в стороне от идей социально ответственного предпринимательства». [4, 18]

В. Карачаровский, наоборот, придерживается противоположного мнения. Согласно результатам социологического опроса субъектов инновационного малого предпринимательства, проведенного ученым, в современном предпринимательстве ярко выражена склонность к типам экономического поведения, которые можно определить как «стратегические жертвы» - выбор коммерчески менее эффективного, но с профессиональной или общественной точки зрения более полезного проекта. Более четверти инновационных предпринимателей готовы рассматривать вариант отказа от более прибыльного проекта в пользу менее прибыльного, но более важного с социальной точки зрения. [5, 4] По результатам исследования ученый отмечает, что «инновационные предприниматели обладают особо ценным для современной России типом экономической мотивации – они стремятся к максимизации дохода не любой ценой, но исключительно через инновации, и при этом стремятся максимизировать не чистую коммерческую выгоду, но баланс коммерческой выгоды и общественных интересов». [5, 6]

Диаметрально противоположные оценки социальной ответственности современных субъектов малого предпринимательства авторы статьи связывают с отсутствием единого представления о сущности и границах социальной ответственности бизнеса. Тем не менее, все ученые, без исключения, настаивают на важности этого аспекта в деятельности любого предприятия, независимо от его масштабов и формы собственности.

Задача становления социально ответственного бизнеса не может быть решена предпринимателями единолично без государственной поддержки. Авторы согласны с высказыванием Н.А. Лихачева о том, что «для придания импульса в направлении устойчивого роста предпринимательство должно подвергаться разумному воздействию государства, его регулированию и поддержке». [6, 139] Тем более, если речь идет о формировании инновационного малого бизнеса, стратегический ориентир функционирования которого в масштабе общества – это создание условий для перехода от постиндустриального общества к социуму информационному. В этой связи можно предположить, что в случае ухода государства с арены развития малого бизнеса предприниматели достаточно быстро исчерпают импульс собственного развития и не сформируют самодостаточную, влиятельную в масштабах общества и экономики, активную социальную группу, способную направить процесс развития всего социума по инновационному пути. Таким образом, можно согласиться с высказыванием Н.В. Бекетова, согласно которому «при отсутствии целостной стратегии и слабости государственных институтов технологического развития бизнес не имеет ответственного партнера для решения общенациональных задач». [7, 69]

Таким образом, государственная поддержка является основным пунктом пересечения интересов бизнеса и власти: субъекты предпринимательской деятельности заинтересованы в минимизации экзогенных рисков, в защите своих прав и т.д. Государство, со своей стороны, оказывая поддержку малому бизнесу, заинтересовано, через социальную ответственность последнего, в достижении целей иного порядка, таких как повышение уровня и качества жизни населения, укрепление благосостояния, обеспечение равной доступности благ и т.д., что не может быть выполнено государством единолично.

Литература:

1. Madsen Ch. Social responsibility of an enterprise. – Amnesty International Business Group, 2002. - 156 с.

2. Веревкин Л.П. Малому предпринимательству – государственную поддержку. // Энергия; экономика, техника, экология. - 2002. - №6. - С. 63-66.

3. Безгодов А.В. Очерки социологии предпринимательства. / Под ред. Д.П. Гавры - СПб: Петро-полис, 1999. - 264 с.

4. Савичева Е.Ю. Проблемы теории и практики предпринимательства. // Проблемы современной экономики. - 2010. - №4 (36) - С.18-26.

5. Карачаровский В.В. Ресурсы инновационного роста в России. // Общество и экономика. – 2011. - №10. – С. 2-22.

6. Лихачев Н.А. О направлениях развития государственного регулирования деятельности предпринимательских структур в современной России // Социально-экономические явления и процессы. – 2011. - №2. - С.139.

7. Бекетов Н.В. Основные направления государственной поддержки развития российской экономики // Инновации. - 2008. - №1. - С. 69-72.

Устинова О.В.
доцент, к.с.н., Тюменский государственный нефтегазовый университет, sema_79@bk.ru
Осипова Л.Б.
доцент, к.с.н., Тюменский государственный нефтегазовый университет, lev1026@yandex.ru

ОСОБЕННОСТИ УПРАВЛЕНИЯ ВОСПРОИЗВОДСТВОМ НАСЕЛЕНИЯ

Воспроизводство населения страны зависит от множества факторов, которые включают: социально-экономическое развитие государства, социально-психологические потребности общества, его идейно-духовное состояние и другие. Поэтому вопрос управляемости этим процессом в научной литературе носит дискуссионный характер. Одни ученые уверены в возможности и необходимости глобального регулирования государством всех аспектов воспроизводства населения. Другие, напротив, говорят о некой эволюционно-исторической предопределенности процессов, ведущих к росту, либо вымиранию человеческих сообществ, отводя государству в этом вопросе пассивную роль наблюдателя. При этом приводятся мнения и примеры на основе исторического опыта разных стран, убедительно иллюстрирующие как негативное, так и позитивное влияние государства на демографические процессы.

Вместе с тем, попытки управлять воспроизводством населения в мировой истории предпринимались многократно, причем как в сторону увеличения, так и в сторону сокращения рождаемости.

В научной литературе существует множество подходов, объясняющих демографический кризис в стране и причины, оказывающие влияние на процессы воспроизводства населения.

Сторонники первого подхода разделяют эволюционные теории демографического развития, в частности, теорию «демографического перехода», и полагают, что низкий уровень рождаемости в России является исторической неизбежностью. Преодолевать кризис депопуляции, по их мнению, следует по примеру развитых стран Европы за счет разработки грамотной миграционной политики, направленной на обеспечение внешнего замещения трудовых ресурсов. Сторонниками данного подхода являются А.Г Вишневский, В.С. Захаров, В.И. Переведенцев [1], которые полагают, что государство вряд ли сможет управлять рождаемостью и смертностью в ближайшей перспективе. В качестве серьезного аргумента авторы приводят тот факт, что даже если суммарные коэффициенты рождаемости возрастут до необходимых показателей (2,15 ребенка на 1 женщину), это не обеспечит уровня простого воспроизводства, не говоря уже о расширенном.

Сторонники второго подхода видят причину демографического кризиса в России в кризисе институтов семьи и брака. Эту концепцию в отечественной социологии успешно разрабатывал В.А. Борисов [2], а также его последователи (А.И. Антонов, В.Н. Архангельский, Н.В. Зверева, В.М. Медков) [3]. Авторы данного подхода полагают, что в основе демографического кризиса России лежит распространение малодетности, связанной с устойчивыми установками, сформировавшимися в общественном сознании. Малодетная семья становится наиболее «удобной» формой в современных социально-экономических условиях, с одной стороны, решая проблему потребности в детях, с другой - снимая проблемы значительных капитальных вложений на их социализацию.

В основе третьего подхода лежит идея о духовном (нравственном, идейном, психологическом) неблагополучии населения как основной причине демографического кризиса (В. Алиев, И.А. Гундаров и др.) [4].

Так, И.А. Гундаров, сопоставляя показатели рождаемости и смертности в РФ со странами Западной Европы, делает вывод, что Россия переживает не демографический переход, обусловленный исторической эволюцией основных социально-экономических институтов, а деградацию института воспроизводства населения, причем по скорости распространения сопоставимую с эпидемиями XI-XIV вв. Основным тезисом его теории является сформулированный им «закон духовно-демографической детерминации»: «при прочих равных условиях улучшение (ухудшение) нравственно-эмоционального состояния общества сопровождается улучшением (ухудшением) демографической ситуации» [5, 42]. Он полагает, что в целом жизнеспособность нации зависит не только от экономических условий, но и от эмоционально-нравственного состояния общества.

Авторы статьи придерживаются четвертого подхода, рассматривающего причины кризиса воспроизводства населения в России как следствие комплекса проблем (Б.С. Хореев, И.Б. Орлова, Н.М. Римашевская, Л.Л. Рыбаковский и др.) [6]. Так, Н.М. Римашевская в качестве основной причины критического снижения уровня воспроизводства в стране рассматривает системный кризис, охвативший все стороны жизни населения России [7, 18].

Таким образом, управление воспроизводством населения - многофакторный процесс, включающий в себя социально-экономическую, психологическую, духовно-нравственную, национальную составляющие. Причем они отличаются по своей значимости в разные периоды исторического развития и имеют ограничения, как по силе, так и по продолжительности воздействия. В управлении процессами воспроизводства населения невозможно добиться стойких результатов, делая акцент на одних факторах, игнорируя другие. Лишь комплексный подход к управлению способен обеспечить вывод России из демографического кризиса и переход к расширенному режиму воспроизводства.

Литература:

1. Вишневский А.Г. Русский или прусский? - М.: АСТ, 2005; Захаров С.В. Перспективы рождаемости в России: второй демографический переход. // Отечественные записки. - 2005. - №3. - С. 124-140; Переведенцев В.И. Миграция населения и демографическое будущее России. // Наука и жизнь. - 2003. - №1. - С. 18-25.
2. Борисов В.А. Воспроизводство населения как предмет демографической науки. // Воспроизводство населения и демографические процессы в СССР. - М.: Наука, 1987; Борисов В.А. Желаемое число детей в российских семьях по данным микропереписи населения России 1994 года. // Вестник МГУ. Серия 18. Социология и политология. - 1997. - №2. - С.33-38; Борисов В.А. Рождаемость: социологические и демографические аспекты - М.: Наука, 1988.
3. Антонов А.И. Эволюция норм детности и типов демографического поведения // В кн.: Детность семьи. - М.: Грааль, 1986; Антонов А.И., Медков В.М. Второй ребенок. - М.: Изд-во МГУ, 1987; Антонов А.И., Медков В.М. Социология семьи. - М.: Изд-во МГУ, 1996; Зверева Н.В., Медков В.М. Народонаселение: прошлое, настоящее, будущее. - М.: Наука, 1987.
4. Алиев В. Вырождение России: Кто виноват и что делать? – Н. Новгород: Кварц, 2006; Гундаров И.А. Демографическая катастрофа в России: причины и пути преодоления. Почему вымирают русские. - М.: АСТ, 2004.
5. Гундаров И.А. Демографическая катастрофа в России: причины и пути преодоления. Почему вымирают русские. - М.: АСТ, 2004. - 276 с.
6. Хореев Б.С. Проблема депопуляции в России // Обострение демографического кризиса и современное положение населения России / Под ред. Б.С. Хореева, Л.В. Иванковой. - М., 2000; Орлова И.Б. Демографическое благополучие России. - М.: РИЦ ИСПИ РАН, 2001; Римашевская Н.М. «Русский крест» // Природа. - 1999. - № 6. - С. 18-22; Рыбаковский Л.Л. Демографическое будущее России и миграционные процессы // Социологические исследования. - 2005. - № 3. - С. 72-73.
7. Римашевская Н.М. «Русский крест» // Природа. - 1999. - № 6. - С. 18-22.

УДК: 050-028.27:001.83

Комаров С.Ю.
аспирант ФГБУН ГПНТБ СО РАН
skomarov87@gmail.com

СИСТЕМЫ ЭЛЕКТРОННОЙ НАУЧНОЙ ПУБЛИКАЦИИ: ОПЫТ ЗАПАДА

Аннотация: Статья рассматривает системы электронной публикации исследовательских материалов, используемые ведущими западными научными журналами. Приводится сравнительный анализ их ключевых возможностей и перспектив использования в электронной научной коммуникации.

Ключевые слова: электронная научная коммуникация, электронная публикация, открытый доступ, интернет-активность.

Abstract: The paper deals with the systems of electronic scholarly publishing applied by the leading western scientific journals. A comparative analysis of their key possibilities and perspectives of applying them to the electronic scholarly communication is given.

Key words: electronic scholarly communication, electronic publication, open access, internet-activity.

Современная цифровая эпоха открывает широкие горизонты для развития науки и научных коммуникаций. Возникает принципиальное новое их направление – электронные научные коммуникации. Академическое сообщество сегодня уже немыслимо без широкого привлечения новейших цифровых технологий, активно интегрирующихся в мировую науку.

Ученый, как справедливо замечает в своих статьях[1] известный исследователь, д.ф.-м.н. М.М. Горбунов-Посадов, должен, для выхода своих изысканий на принципиально иной качественный уровень, активно использовать в своих исследованиях наиболее актуальные достижения в сфере электронной научной коммуникации, постепенно вытесняющей традиционные формальные и неформальные ее формы. Тезис М.М. Горбунова-Посадова о интернет-активности, как возникающей обязанности каждого идущего в ногу со временем ученого, выглядит вполне верным.

Публикации в научных журналах играли одну из ведущих ролей в научно-коммуникационных процессах еще со времен появления в XVII веке во Франции «Journal des savants» – первого научного журнала Европы – и не только сохраняют, но и укрепляют свои позиции. Особенно важными при этом были и остаются публикации в иностранных журналах, что является особенно актуальным для российской науки, ключевые достижения которой все еще крайне слабо представлены на международном уровне – в том числе, из-за недостаточного знакомства отечественного академического сообщества с новейшими достижениями электронной научной коммуникации.

Традиционные публикации во многом им уступают, постепенно сдавая свои позиции, относительное сохранение которых – скорее следствие многовекового устоявшегося «господства» традиционных печатных материалов и слабого знакомства многих современных ученых с теми продуктами и сервисами для электронных научных публикаций, которые доступны в сети Интернет, чем более низкий академический уровень систем электронных научных публикаций и ученых, ими пользующихся.

Активно формируется тенденция окончательного перехода публикационной активности в цифровую среду с предоставлением всем участникам научно-коммуникативного процесса широких возможностей автоматизации их изысканий. Однако необходимо отметить, что даже на Западе она во многом не шагнула дальше применения научными журналами и издательствами различных вариаций открытого доступа - «золотой дороги», когда статьи публикуются в электронных научных журналах, и «зеленой дороги», когда исследовательские материалы выкладываются самими учеными на личных или институциональных веб-сайтах с применением специальных программ-репозиториев. К первому варианту относятся такие известные электронные журналы с высокими показателями импакт-фактора как Beilstein Journal of Organic Chemistry, Biochemistry, PlosOne и другие издания, индексируемые сервисом Directory of Open Access Journals, ко второму - многочисленные институциональные и частные электронные репозитории, индексируемые сервисами OpenDOAR и ROAR. Электронные журналы сегодня предлагают авторам лишь минимальную автоматизацию предоставления своих исследовательских материалов. Кроме того, западные исследователи указывают на достаточно слабое знакомство научного сообщества с новейшими технологиями (Web 2.0, Science 2.0) и, в некоторых случаях, даже на настороженное к ним отношение. Особенно ценные данные по данной проблематике предоставляет в своей статье «Адаптация и использование Вэб 2.0 в научных коммуникациях»[2, 4043-4047] Роб

Проктэр – исследователь из Манчестерского центра электронных исследований при университете Манчестера.

Для проведения исследования были выявлены и проанализированы ведущие западные Интернет-решения, предоставляющие исследователям возможности электронной подготовки, оформления и публикации своих исследовательских материалов. Применены были системный подход и методы сравнительного анализа, что позволило получить достоверные выборки результатов.

Система **Editorial Management**, используемая PlosOne, предусматривает, например, лишь заполнение основных информационных полей и формирование файла статьи в формате pdf с возможностью продолжить незавершенное оформление заявки на публикацию, вернувшись к ней позднее. Она также позволяет авторам отвечать рецензентам с помощью особой формы, но не предусматривает отдельного интерфейса для рецензентов. Интересной особенностью **Editorial Management** является встроенный механизм проверки качества используемых в статье иллюстраций. Несколько большей функциональностью обладает **Beilstein Publishing System**, используемая редакторами Beilstein Journal of Organic Chemistry и Beilstein Journal of Nanotehnology, позволяющая ученым, зарегистрировавшимся со статусом referee - научного рецензента - добавить к заявке автора отдельным файлом свою рецензию, влияющую затем на решение главного редактора о публикации. Возможность рецензирования предлагает также **Manuscript Tracking System** - решение Hindavi Publishing Corporation - известного научного консорциума открытого доступа. Журнал Biochemistry, несмотря на свой высокий импакт-фактор, вообще не имеет собственной системы предоставления статей. Кроме того, все представленные издания, равно как и другие исследовательские журналы, часто практикуют наиболее устаревшую форму электронной научной коммуникации - переписку с авторами и предоставление последними своих статей посредством e-mail.

Важную роль в разработке и поддержке подобных интернет-решений по развитию электронных научных публикаций играют крупнейшие мировые научные консорциумы. Одним из лидеров в данной области является основанная в 2008 г. международная компания **Thomson Reuters** - http://thomsonreuters.com/. Разработанная и, впервые в научном мире, запатентованная ее специалистами совместно с представителями ведущих мировых научных журналов и издательств платформа **ScholarOne Manuscripts** - http://scholarone.com/ - предоставляет ученым широкие возможности подготовки, оформления и публикации своих исследовательских материалов в ведущих мировых научных журналах, обладающих высокими показателями импакт-фактора. Система предусматривает также обширный функционал для редакторов, издателей и издательств, профессиональных рецензентов и иных участников научно-коммуникационного процесса, значительно дополняющий и расширяющий возможности всех иных имеющихся решений.

Высокий академический статус ScholarOne Manuscripts определяют и его ключевые партнеры, в числе которых Oxford University Press, Cambridge University Press, Emerald Publishing Group, Taylor&Francis, Sage, ACS Publications, Institute of Electrical and Electronics Engineers (IEEE) и другие ведущие мировые научные организации. Всего система сотрудничает с 365 научными организациями, что позволяет достигнуть высоких показателей: более 3400 включенных в нее научных журналов (для каждого из которых разработан собственный интегрированный в сайт издания кастомизированный интерфейс ScholarOne Manuscripts), более 13 миллионов зарегистрированных пользователей и более 1.3 миллионов ежегодных загрузок научных статей. Нужно также отметить, что с ScholarOne Manuscripts сотрудничают такие ведущие западные библиотечные издания как Library Review, The Electronic Library, New Library World, Information Systems Research, College&Research Libraries и другие ведущие западные библиотечные издания, что делает проект крайне актуальным для научных библиотек, находящихся сегодня в достаточно непростом положении в том числе из-за недостаточной интеграции в современные электронные научные ресурсы и, соответственно, недостаточного представления своих научных разработок на международном уровне.

Функционал системы позволяет исследователю максимально упростить и автоматизировать все этапы подготовки, редактирования, рецензирования и публикации научной статьи и иных материалов (обзоры, отзывы и рецензии, доклады на конференциях и т. п.). Ученому необходимо лишь зарегистрироваться на сайте журнала, использующего ScholarOne Manuscripts, чтобы получить доступ к следующим возможностям:

1) автоматическому поиску и добавлению соавторов по их email-адресам;

2) возможности выбора предпочитаемых профессиональных рецензентов с добавлением их вручную или поиском по обширной базе данных специалистов;

3) объединению всех загруженных материалов в единый pdf-файл для удобства рецензентов и издательства;

4) встроенной проверке на плагиат с выборкой информации из широкого спектра профессиональных баз данных, настраиваемых вручную или автоматически;

5) возможности сохранения текущего состояния предоставляемых материалов с последующим продолжением их редактирования вплоть до удаления и замены финальными версиями;

6) присвоению статье уникального ID-идентификатора, позволяющего отслеживать ее вплоть до публикации;

7) интеграции с крупнейшими базами данных и сетевыми сервисами цитирования и составления библиографических списков – EndNote, Mendeley, Web of Science и др, где дублируются данные статьи, ее цитирования и возможен кросс-платформенный поиск, что увеличивает обращаемость к статье пользователей Интернет, значительно увеличивая ее цитируемость - один из важнейших научных показателей исследования;

8) мультиязычной круглосуточной технической поддержке.

ScholarOne Manuscripts предлагает также особый интерфейс для рецензентов, позволяющий использовать как традиционные рецензии, так и генерируемые автоматически после заполнения особых вопросных форм, отвечающих всем академическим требованиям и разработанных с привлечением ведущих ученых и профессиональных научных рецензентов. Сервис предусматривает и отдельный редакторский интерфейс, значительно упрощающий финальные этапы подготовки статьи к публикации как в электронной, так и в традиционной версии научного журнала. Поддерживается особая система научных отчетов - **ScholarOne Cognos Reposting System**, - позволяющая редакциям научных журналов и академическим издательствам четко отслеживать и анализировать основные публикационные тренды и результаты, генерируя подробные доклады, крайне актуальные для международного научного сообщества.

Таким образом, совокупность всех возможностей делает ScholarOne Manuscript одним из лидеров в сфере электронной научной коммуникации. К сожалению, сервис ориентирован, прежде всего, на западное научное сообщество, не включая отечественные издания. Причины этого, как видится автору, заключаются, в том числе, в иных методах организации науки в РФ, отличных от зарубежного опыта, предусматривающего значительно более широкое внедрение новейших Web 2.0 / Science 2.0 (e-Science) технологий. Российские журналы открытого доступа, индексируемые eLibrary.ru, фактически, лишь переводят в цифровой формат статьи из печатных версий журналов. Никакой автоматизации при этом не предусмотрено - взаимодействие с авторами происходит лишь посредством упоминавшейся выше e-mail-переписки, так как не разработаны платформы и сервисы электронной научной публикации.

ScholarOne Manuscript является уникальной площадкой, используя которую отечественные исследователи смогут значительно оптимизировать свою международную публикационную активность. Задачей же академических библиотек как традиционных активных участников научно-коммуникационного процесса должно стать максимальное информирование, в рамках конференций, семинаров и иных мероприятий, научного сообщества о подобных сервисах и активное их продвижение в академической среде. Применительно к библиотекам Сибири особенно актуальным это может стать для ГПНТБ СО РАН, являющейся ключевой за Уралом академической библиотекой, обслуживающей ведущие научные центры Сибири и Дальнего Востока.

Список использованной литературы

1. Горбунов-Посадов М.М. Интернет-активность как обязанность ученого // Информационные технологии и вычислительные системы. - 2007. - № 3. – с.88–93; Он же. Живая публикация // Открытые системы. - 2013. - №4. - с. 51-52.

2. R. Procter et.al. Adoption and use of Web 2.0 in scholarly communications // Phil. Trans. Soc. A. - 2010. - №336. - p. 4039-4056.

Кривошеин И.Л.
к.т.н., доцент кафедры электротехники и электроники ФГБОУ ВПО «Вятский государственный университет», г. Киров, Кировской области, Россия.
Козлов А.Л.
заведующий лабораториями кафедры электротехники и электроники ФГБОУ ВПО «Вятский государственный университет», г. Киров, Кировской области, Россия.

ПОИСК МЕСТА ОДНОФАЗНОГО ЗАМЫКАНИЯ НА ЗЕМЛЮ В СЕТЯХ ВОЗДУШНЫХ ЛИНИЙ 6-10 КВ

Исторически питание объектов сельского хозяйства и нефтегазодобычи осуществляется с помощью воздушных линий электропередачи (ВЛ) напряжением 6-10 кВ, работающих с изолированной нейтралью. Такая электрическая сеть часто сильно разветвлена, имеет большую протяженность (ее длина может достигает 100 км и более) и проходит в труднодоступной местности.

Сети этого класса напряжения имеют высокую аварийность из-за относительно слабой изоляции. Основным видом повреждений ВЛ 6-10 кВ являются однофазные замыкания на землю (ОЗЗ), составляющие около 60-80 % от всех повреждений [1, 36-38]. Благодаря изолированной нейтрали отключение потребителей при ОЗЗ не происходит, и они продолжают свою работу, не замечая повреждения ВЛ. С одной стороны это позволяет повысить надежность электроснабжения, с другой приводит к ухудшениям условий электробезопасности. Вблизи места ОЗЗ появляется опасное для людей и животных шаговое напряжение. Увеличение напряжения на неповрежденных фазах относительно земли (при металлическом замыкании - до линейного) представляет опасность для изоляции сети. Растет вероятность перехода ОЗЗ в двухфазные и трехфазные замыкания.

Правила технической эксплуатации электрических станций и сетей Российской Федерации (ПТЭ) [2] допускают работу сетей с изолированной нейтралью с ОЗЗ до устранения повреждения. Но при этом обязывают ликвидировать повреждение в кратчайший срок.

Малые значения тока ОЗЗ в сетях с изолированной нейтралью и ее разветвленность не позволили создать селективную защиту, способную выявить поврежденный участок сети. Поэтому поиск места ОЗЗ выполняется путем обхода всей трассы электропередачи. Бездорожье, сложная древовидная структура сети и значительная длина ВЛ увеличивает время, необходимое для поиска места ОЗЗ. В некоторых случаях поиск может продолжаться несколько суток. Все это время существует опасность для людей и оборудования электрической сети.

Для облегчения поиска места ОЗЗ ПТЭ обязывают использовать предназначенные для этой цели переносные приборы. Наибольшее распространение в энергосистемах получили выпускавшиеся промышленностью аналоговые приборы: «Поиск-1», «Волна», «ЗОНД», «Квант». Имея сложное управление с многочисленными настройками они позволяли найти место ОЗЗ при простых видах повреждений, например, при металлическом замыкании на землю. При определении более сложных видов повреждений, таких как ОЗЗ с обрывом провода или при падении дерева на провод, найти место ОЗЗ такими приборами обычно не удавалось. Причиной этому было как сложное управление прибором, требующее высокой квалификации персонала, так и особенности методов, положенных в основу этих приборов.

Для решения проблемы поиска места ОЗЗ в сети ВЛ 6-10 кВ сотрудниками Вятского государственного университета был запатентован новый способ [3], который позволяет определить наличие ОЗЗ и направление движения к месту ОЗЗ. Использование современных методов сбора и обработки информации позволило добиться высокой чувствительности, необходимой при определении сложных видов ОЗЗ, и полностью автоматизировать процесс анализа электромагнитного поля ВЛ, максимально упростив использование.

Разработанный авторами цифровой переносной прибор «Вектор» (рис. 1), реализующий этот способ, не требует настройки, на нем нет органов управления, кроме кнопки включения. В ходе спектрального анализа электромагнитного поля ВЛ прибор сам определяет оптимальные параметры для своей работы, а результат выводит на дисплее в виде плавающей стрелки, указывающей направление к месту ОЗЗ.

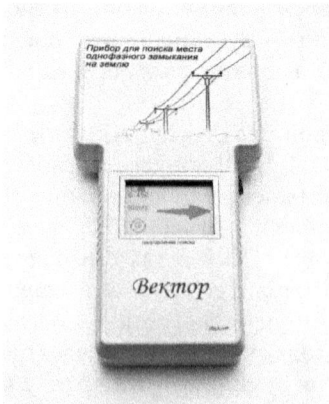

Рис. 1 Прибор «Вектор»

Для выявления поврежденного участка ВЛ с помощью прибора «Вектор» не обязательно обходить всю трассу ВЛ. Достаточно произвести измерения и определить направление движения к месту ОЗЗ в нескольких точках сети, удобных для подъезда автомобиля ремонтно-технического обслуживания.

Двигаясь по поврежденной линии необходимо следить за указанным прибором направлением. Если при последующем измерении направление поиска указывает в сторону предыдущего места измерений, то место ОЗЗ расположено между двумя последними точками измерений. Данный участок ВЛ необходимо обойти контролируя изображение на дисплее прибора. Смена направления поиска на обратное (рис. 2) будет информировать о месте замыкания на землю.

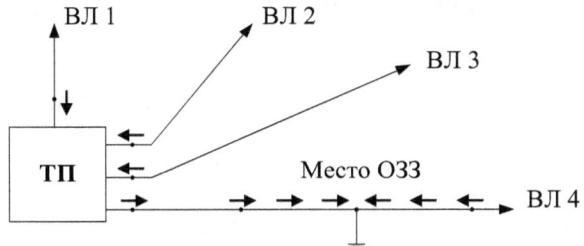

Рис. 2 Схема поиска места ОЗЗ с помощью прибора «Вектор»

Если поврежденная линия неизвестна, то поиск места ОЗЗ должен начинаться с питающей подстанции, на шинах которой появился сигнал «земля в сети». В этом случае последовательно под каждой ветвью ВЛ, отходящей от подстанции, необходимо определить направление движения к месту ОЗЗ. Если прибор будет указывать направление поиска на питающую подстанцию, то данная ВЛ не повреждена. Поврежденная линия определяется по направлению поиска от питающей подстанции.

Оснащение оперативно-выездных бригад прибором «Вектор» позволит значительно сократит время поиска места ОЗЗ.

Список использованных источников

1. Воротницкий В. Надежность распределительных сетей 6 (10) кВ Новости электротехники, №5, 2002.- с. 36-38.
2. Правила технической эксплуатации электрических станций и сетей Российской Федерации. – СПб: Изд-во ДЕАН, 2003. – 336 с.
3. Патент № 2002129552 G01R31/08 Способ определения места однофазного замыкания на землю в разветвленной воздушной ЛЭП с изолированной нейтралью. Красных А.А., Литвинов Д.Г., Машковцев И.И., Кривошеин И.И., Козлов А.Л.; Заявлено 04.11.2002; Опубликовано 27.05.2004

Фомин Е.В.

доцент, канд. техн. наук, доцент кафедры «Технология металлов и машиностроения», Институт судостроения и морской арктической техники (Севмашвтуз) Северного (Арктического) федерального университета, г. Северодвинск, Российская Федерация, e.fomin@narfu.ru

Фомин А.В.

канд. техн. наук, ст. преподаватель кафедры «Океанотехника и энергетические установки», Институт судостроения и морской арктической техники (Севмашвтуз) Северного (Арктического) федерального университета, г. Северодвинск, Российская Федерация

ПРИЧИНЫ, ПРИВОДЯЩИЕ К УХУДШЕНИЮ РЕЖУЩИХ СВОЙСТВ РЕЗЬБОВЫХ РЕЗЦОВ И СПОСОБЫ ИХ УСТРАНЕНИЯ

При нарезании резьбы резцами с твердосплавными однопрофильными и многопрофильными пластинами, инструмент находится в сложных условиях работы. В отличие от обычных токарных резцов у резьбовых резцов в работе участвуют одновременно три режущих кромки, поскольку они формируют профиль резьбовой поверхности. Это не может не сказаться на режущих свойствах инструмента и привести к снижению эффективности его работы.

Рассмотрим возможные проблемы, которые могут возникнуть при обработке резьбы резцами с твердосплавными однопрофильными и многопрофильными пластинами, оценим их влияние на получаемое изделие и определим методы по их устранению.

Причиной сильного износа по передней поверхности резьбовой пластины (рис. 1, а) может быть диффузионный износ в результате слишком высокой температуры в этой зоне, что вызвано завышением скорости резания или плохим охлаждением. Также устранить эту проблему можно используя в качестве материала пластины сплав с более высокой твердостью, с нанесенным износостойким покрытием, например из оксида алюминия.

Повышенный износ по задней поверхности инструмента (рис. 1, б) вызывает ухудшение качества обработанной резьбовой поверхности и ее размерной точности. Он возникает, наряду с завышением скорости резания и низкой износостойкостью материала пластины, по причине слишком большого количества проходов резца или слишком малого припуска на одном из проходов [2,37].

Малое число проходов, неоправданно большой припуск на одном из проходов или неправильное распределение припуска между проходами, приводит к пластической деформации режущей кромки (a) в начале, с последующим ее сколом (b) в конце (рис.1, в). Это связано с резким увеличением тангенциальной составляющей силы резания P_z.

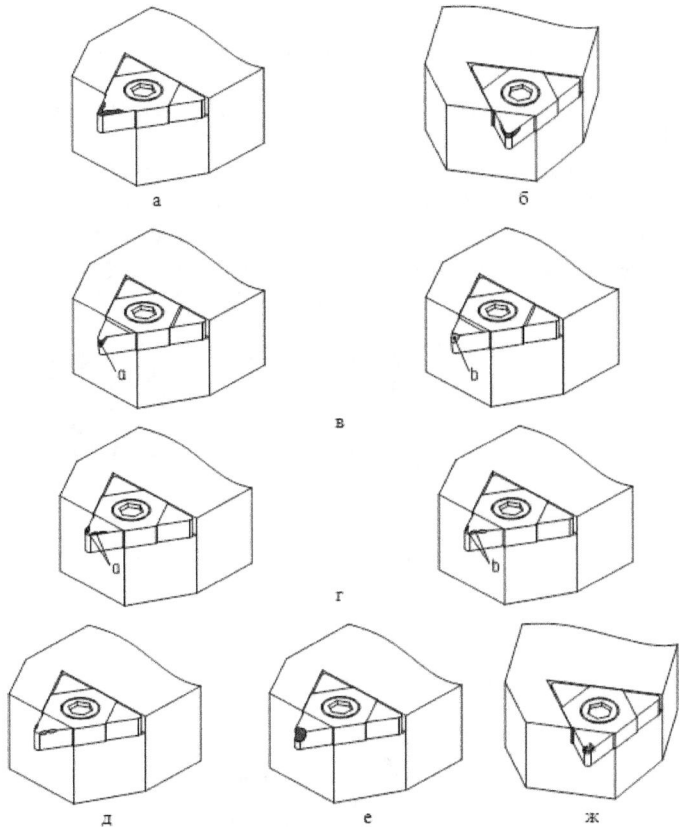

Рис. 1. Основные виды повреждений сменных многогранных резьбовых пластин из твердого сплава при нарезании резьбы: а – сильный износ по передней поверхности; б – повышенный износ по задней поверхности; в – пластическая деформация режущей кромки (a) в начале, приводящая к сколу (b); г – возникновение на режущей кромке наростов (a), приводящих к сколам (b); д – выкрашивание режущей кромки; е – скол вершины резьбовой пластины; ж – термические трещины на режущей кромке

Возникновение на режущей кромке наростов (a), приводящих к сколам (b) (рис.1, г) может быть либо из-за низкой скорости резания, либо из-за низкой ударной вязкости материала резьбовой пластины. Рекомендуется, в этом случае, использовать пластины с износостойкими покрытиями, которые непосредственно контактируя с обрабатываемым материалом, прежде всего, обеспечивают низкую склонность к физико-химическому взаимодействию с обрабатываемым материалом, то есть служат своеобразным барьером твердофазным и жидкофазным диффузионным реакциям между инструментальным и обрабатываемым материалами.

Выкрашивание режущей кромки (рис.1, д) или скол вершины резьбовой пластины (рис. 1, е) возникают, помимо всего прочего, вследствие вибрации инструмента и низкой жесткости элементов технологической системы [2,76]. Появление термических трещин на режущей кромке (рис. 1, ж) может означать наличие, в процессе обработки резьбы, резкого перепада температур на передней поверхности резьбового резца, что связано с плохим охлаждением в зоне резания.

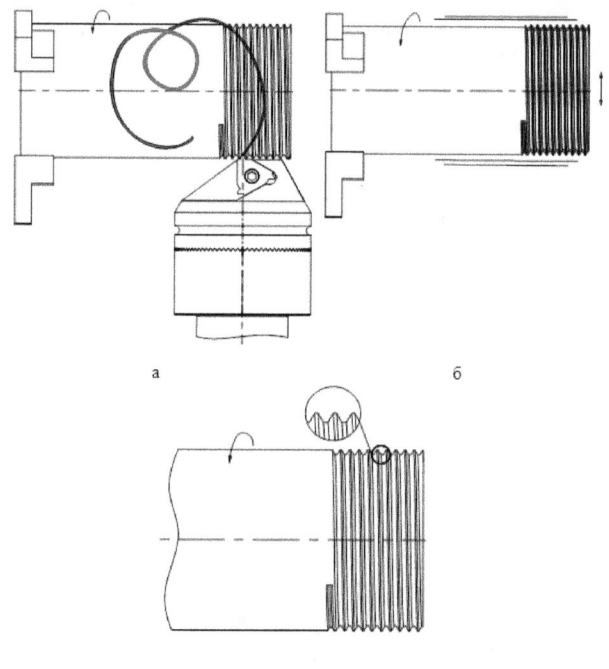

Рис. 2. Проблемы, возникающие при нарезании резьбы резцами: а – плохой контроль образования стружки; б – вибрация обрабатываемого изделия; в – плохое качество обработанной резьбовой поверхности

Для облегчения условий работы резьбового резца не следует неоправданно завышать число проходов, так как при этом уменьшается припуск на проход (толщину срезаемой в каждом конкретном проходе стружки). При достижении этого припуска величин, измеряемых в сотых долях миллиметра, получаем толщину резания сопоставимой с радиусом скругления режущей кромки инструмента ($r_{кр}$ = 20÷40 мкм). При этом мы получаем резание с большими отрицательными значениями переднего угла. Поэтому практически происходит смятие, пластическая деформация. Радиальная составляющая P_Y силы резания резко возрастает. Это приводит к появлению вибраций (рис. 2, б), быстрому выходу инструмента из строя, ухудшению качества обрабаваемой поверхности (рис. 2, в).

При использовании резьбовых резцов с многопрофильными пластинами, каждый зуб пластины выполняет в процессе нарезания резьбы свою строго определенную функцию. Если первый зуб является черновым и подвергается наибольшим силовым нагрузкам из-за большого припуска, приходящегося на него, то последний является калибрующим и снимает минимальный припуск. Благодаря тому, что черновые зубья удаляют максимально возможный объем материала, значительно улучшаются условия работы чистового зуба резьбовой пластины. Состояние режущей кромки каждого зуба резьбовой пластины предопределяют геометрические размеры и шероховатость нарезаемой резьбы. Допустимые отклонения размеров и параметров шероховатости резьбы от заданных не превышают 0,05 мм и 1,6÷3,2 мкм (для резьб 4, 5 степеней точности). Поэтому износ резьбовых пластин по задней поверхности более чем 0,3 мм является недопустимым, также как сколы и выкрашивания режущих кромок.

Профиль нарезаемой резьбы и ее размеры формируются калибрующим зубом резьбовой пластины резца. Калибрующий зуб снимает наименьший припуск, однако работает в крайне неблагоприятных условиях ввиду образования стружки "коробчатой" формы, что затрудняет ее выход из зоны резания. Кроме того, при образовании "коробчатой" стружки происходит ее дополнительная деформация у вершин, являющихся местом пересечения режущих кромок пластины. Вследствие этого в зоне резания помимо основных, традиционных концентраторов температуры образуются дополнительные источники, что приводит к повышению температуры в зоне резания, способствующей пластической деформации вершины калибрующего зуба.

Очевидно, если износ чернового зуба достигает критического значения (рис. 3, а), либо произошел его скол, то увеличивается припуск обрабатываемого материала, который необходимо снять калибрующим зубом. При конструкции резьбовой многопрофильной пластины с тремя зубьями сначало увеличивается нагрузка на второй черновой зуб. Тогда к тепловым нагрузкам, действующим на калибрующий зуб, добавляются еще и силовые нагрузки. Температура в зоне резания значительно повышается, что приводит к пластической деформации калибрующего зуба (рис. 3, б) и последующему разрушению и отказу резьбовой пластины (рис. 3, в).

Таким образом, основными причинами отказа инструмента являются: износ резьбовой пластины по задней поверхности черновых и чистового зубьев в пределах 0,3 и 0,2 мм соответственно; микровыкрашивания и скалывания режущих кромок резьбовой пластины. Причем опасность хрупкого разрушения режущей части пластины возрастает при нарезании резьбы на деталях из высокопрочных материалов и при использовании твердых сплавов с меньшим содержанием кобальта.

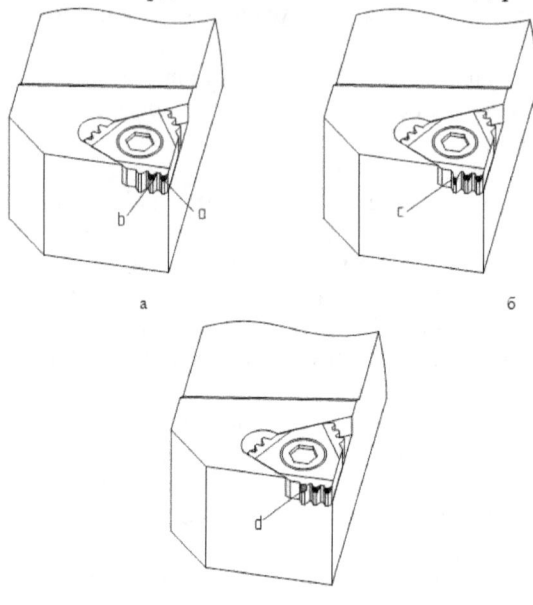

Рис. 3. Повреждения сменных многопрофильных твердосплавных пластин при нарезании резьбы резцами: а – сильный износ первого (a) и второго (b) черновых зубьев; б – пластическая деформация калибрующего зуба (c); в – скол вершины калибрующего зуба пластины (d)

Ввиду того, что многогранная твердосплавная резьбовая пластина является многозубым инструментом, у которого при резании одновременно участвуют по три режущих кромки на каждом зубе, то изнашивание происходит по трем задним и передней поверхностям. Превалирующий износ наблюдается по задней боковой вспомогательной поверхности чернового зуба, кроме того может возникнуть пластическая деформация режущего клина в месте пересечения вершинной и боковой режущих кромок.

Список использованной литературы

1. Андреев В. Н. Совершенствование режущего инструмента. М: Машиностроение, 1993, 240 с.

2. Бобров В. Ф. Многопроходное нарезание крепежных резьб резцом. М.: Машиностроение, 1982, 104 с.

3. Бобров В. Ф., Моисеев А. В. Резание с обеспечением постоянства стойкости резьбового резца на отдельных проходах. //Вестник машиностроения, 1974, №3, с. 75-77.

Горинов Н. А., Чегесов О. Б.
Петрозаводский государственный университет

ПРОБЛЕМА БЫСТРОГО ИЗВЛЕЧЕНИЯ ПРОСТРАНСТВЕННЫХ ДАННЫХ ИЗ ХРАНИЛИЩА

В настоящее время в связи со стремительным развитием и распространением мобильных устройств возникает потребность во все большем количестве приложений, работающих на мобильных платформах. На рынке уже представлены геоинформационные системы, а также простые картографические приложения, работающие смартфонах и планшетных ПК. Их можно разделить на 2 класса по признаку того, где происходит генерация карты: генерация карты на серверной стороне с последующей загрузкой растрового изображения на мобильное устройство и генерация карты на мобильном устройстве.

Преимуществом первого подхода является отсутствие видимых задержек при прорисовке карты, но только при наличии качественного доступа в сеть интернет. При использовании второго подхода зависимости от доступа в сеть интернет нет, но прорисовка карты ведется медленно.

Как правило, работа карты организуется таким образом, что на первом шаге происходит извлечение из базы данных объектов в отображаемом регионе, на втором шаге происходит непосредственно прорисовка.

Производительность современных мобильных устройств достаточна для организации быстрого рисования с задержками, не заметными человеческим глазом, однако, только при небольшом количестве обрабатываемых объектов. Извлечение из хранилища видимых объектов, производимое на первом шаге приведенного обобщенного алгоритма, является достаточно трудоемким и занимает существенное время на мобильных устройствах, что создает раздражающие пользователя задержки в работе картографического приложения.

Для увеличения скорости извлечения необходимо данные индексировать. Чаще всего для построения индекса используется структура данных R-дерево. Данная структура несложна в реализации, допускает индексирование данных в многомерном пространстве, устойчива к неравномерности их распределения. При применении R-дерева сложность извлечения данных составляет $O(\log N)$ в лучшем случае, где N – количество точек в хранилище, однако, в худших случаях может достигать $O(\sqrt[4]{N})$ для двумерного случая, что уже может вызывать существенные задержки на больших объемах данных.

В связи с вышеизложенным становится очевидной актуальность поиска новых способов индексирования данных с целью повышения эффективности их извлечения.

Список литературы:

1. Скворцов А. В. Глобальные алгоритмы построения R-деревьев // Геоинформатика. Теория и практика. Вып.1 - Томск: Изд-во Томск. Ун-та, 1998
2. Wolfgang Kresse, David M. Danko. Springer handbook of Geographic information (2011) // Springer, 2011 - ISBN: 978-3-540-72678-4
3. R-Trees: Theory and Applications / Manolopoulos Yannis, Nanopoulos Alexandros, Papadopolous Apostolos, Theodoridis Yannis. Springer, 2006 – ISBN: 978-1-85233-977-7

Зиганшин А.М. - к.т.н., доц. каф. ТГВ
Самиева А.Ж. - студент
Минязова Р.И. - студент
Казанский государственный архитектурно-строительный университет
amziganshin@kgasu.ru

КОМПЬЮТЕРНОЕ МОДЕЛИРОВАНИЕ ТЕЧЕНИЯ В КАНАЛАХ С ОСТРЫМ ОТВОДОМ

При проектировании и эксплуатации любых трубопроводных систем – газо- и теплоснабжения, отопления, вентиляции и кондиционирования зданий важно знать характер течения в их каналах, а в частности – параметры течения в так называемых возмущающих элементах (ВЭ) – повороты (отводы), тройники, регулирующие устройства и др. Именно в ВЭ происходит наибольшая потеря давления, а значит и наибольшие энергозатраты на преодоление жидкостью этого ВЭ. Таким образом, изучение характера течения в ВЭ и его параметров, с целью разработки мероприятий по снижению сопротивления ВЭ является актуальной, с точки зрения энергосбережения, темой исследования.

В связи с ростом производительности ЭВМ последние несколько десятилетий активно развивается численный эксперимент(компьютерное моделирование), в том числе и в гидродинамике – вычислительная гидродинамика (ВГД, Computational Fluid Dynamics – CFD). Компьютерное моделирование имеет все преимущества натурного эксперимента, но позволяет без существенных материальных затрат расширить диапазон исследуемых вариантов конструкций и характерных параметров.

В работе численно исследуется течение в неравностороннем остром (резком) плоском отводе на 90°. Геометрия расчетной области представлена на рис. 1. Здесь $b_0 = 0,1$м – ширина отвода до ВЭ, $b_1 = 0,3$ м– ширина отвода после ВЭ, т.е. отношение $b_1/b_0 = 3$. Известные данные по сопротивлению такого рода ВЭ в справочнике ограничены случаем $b_1/b_0 = 2$ [1, 286], в то время как на практике используются отводы и с большими значениями этого отношения.

Скорость на входной границе $v_{вх} = 68$м/с, $Re_{вх} = 4·10^5$. Задача решается в турбулентной постановке, в качестве моделей замыкания принята «стандартная» k-ε модель [2,109]. Для выравнивания профиля скорости после входа в расчетную область, и после выхода из ВЭ приняты достаточные длины прямых участков $l_{до\ ВЭ} = 4$м (40 калибров по узкому сечению) и $l_{после\ ВЭ} = 24$м (240 калибров по узкому сечению или 80 калибров по широкому сечению).

Для избавления от сеточной зависимости расчетная сетка последовательно измельчалась во всей области до достижения размера ячейки – 0,0125м, после чего измельчение продолжалось вдоль твердых границ, с целью хорошо разрешить сеткой пристеночную область и учесть все пристеночные эффекты. Конечная расчетная сетка имела размеры самых мелких ячеек (вдоль твердых границ) – $9,7 \cdot 10^{-5}$ м, при этом параметр характеризующий качество пристеночной сетки – безразмерное расстояние y*=30, как это и рекомендуется в [3].

На рис.1 также показана характерная картина течения (линии тока и эпюры скоростей). Видны возникающие в углу отвода и при срыве с его острой кромки вихревые зоны.

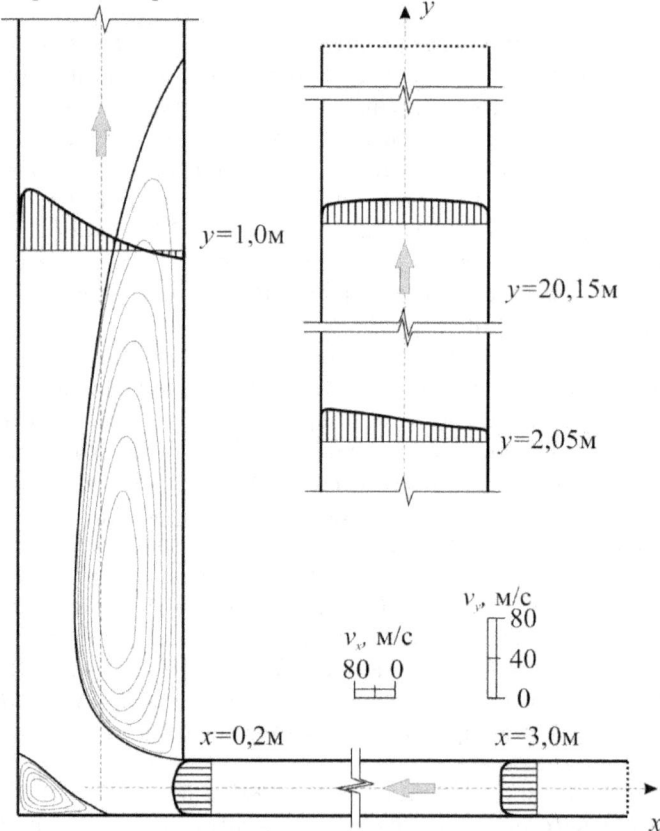

Рис. 1. Геометрия области и характерная картина течения.

Далее на рис. 2 показан график изменения полного $P_п$, динамического $P_д$ и статического $P_с$ давлений. На графике видны основные характерные участки развития течения: на начальном участке полное давление падает линейно $0 < x < 4$ – участок на котором происходят потери давления только за счет трения, далее участок после ВЭ $0 < y < 8,1$ на котором видно резкое падение $P_п$ – потери как за счет трения, так и за счет центробежных сил и потерь на образование и поддержание циркуляции в вихревых зонах. И последний участок 8,1 < y < 24 – в котором падение полного давления снова принимает линейный характер.

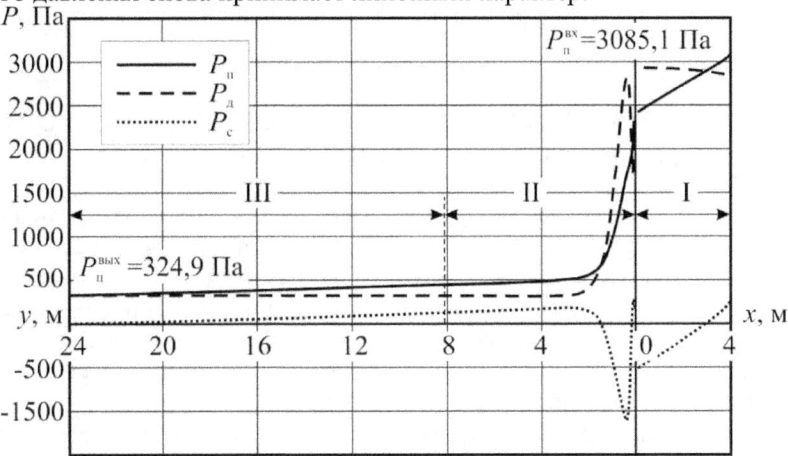

Рис. 2. Изменение $P_п$, $P_д$, $P_с$ по длине отвода.

По результатам расчета определен искомый коэффициент местного сопротивления.

$$\zeta = \frac{P_п^{вх} - P_п^{вых} - \Delta P_{тр}}{P_{дин}} = \frac{3085,1 - 324,9 - 857,5}{2832,2} = 0,672,$$

здесь динамическое давление определено по узкому сечению, а потери давления на трение определяются с использованием полученных в результате численного расчета значений удельных потерь давления на трение на первом участке ($R_{до ВЭ}$ = 168,7 Па/м) и на последнем участке ($R_{после ВЭ}$ = 7,6 Па/м).

$$\Delta P_{тр} = R_{до ВЭ} \cdot l_{до ВЭ} + R_{после ВЭ} \cdot l_{после ВЭ} = 168,7 \cdot 4 + 7,6 \cdot 24 = 857,5 \, \text{Па}.$$

Литература

1. Идельчик И. Е. Справочник по гидравлическим сопротивлениям/ Под ред. М. О. Штейнберга. — 3-е изд., перераб. и доп.— М.: Машиностроение, 1992. — 672 с.
2. Посохин, В.Н. К определению коэффициентов местных сопротивлений возмущающих элементов трубопроводных систем / В.Н. Посохин, А.М. Зиганшин, А.В. Баталова // Известия высших учебных заведений. Строительство. – 2012.– №9 . – С. 108-112.
3. ANSYS FLUENT 6.3 Documentation / 12.10.2 Standard Wall Functions. [Электронный ресурс]. URL: https://www.sharcnet.ca/Software/Fluent6/html/ug/node512.htm (дата обращения: 06.10.2013).

Красных А.А.
профессор, заведующий кафедрой ЭиЭ,
ФГБОУ ВПО «Вятский государственный университет», г. Киров,
Кировская область, Россия

НОВЫЕ ЭЛЕКТРОЗАЩИТНЫЕ СРЕДСТВА И УСТРОЙСТВА КОНТРОЛЯ ОПАСНЫХ ФАКТОРОВ

Анализ статистических данных показывает, что в электроэнергетике постоянно сохраняется высокий уровень электротравматизма, отличительной особенностью которого является исключительная тяжесть последствий. Так доля электротравм на производстве в среднем по стране около 2 %, а число смертельных электротравм по отраслям ежегодно составляет 20-40 % от числа всех несчастных случаев со смертельным исходом, в электроэнергетике – около 50 %.

Основным очагом электротравматизма являются электрические сети, особенно, воздушные линии электропередачи напряжением 10 кВ.

Одним из перспективных направлений повышения электробезопасности при эксплуатации электрических сетей, которое не требует больших затрат, является внедрение новых электрозащитных средств и устройств контроля опасных факторов. Как показывает опыт, их применение, снижая риск травматизма, позволяет добиться существенного уменьшения количества и тяжести несчастных случаев.

По этой причине в 1995 г. по инициативе РАО «ЕЭС России» и ОАО «Кировэнерго» при Вятском государственном университете был создан научно-производственный центр (НПЦ) «Электробезопасность», в котором за эти годы разработан комплекс электронных электрозащитных средств и контролирующих приборов. В комплекс входят новые виды указателей и сигнализаторов напряжения, ультразвуковые приборы для контроля габаритов линий электропередачи, для контроля состояния деревянных опор и др.

Разработки НПЦ «Электробезопасность» отличает высокий уровень научной проработки проблемы, для решения которой создается то или иное устройство, большое число экспериментов, тщательная отработка конструкции и методики применения во время опытной эксплуатации в Кировэнерго, что в итоге обеспечивает высокое качество приборов и устройств.

Часть разработанных в НПЦ «Электробезопасность» ВятГУ приборов и устройств промышленно производится на предприятиях г. Кирова, широко используется в энергосистемах и на железных дорогах страны.

Разработки многократно демонстрировались на международных выставках, смотрах, салонах и награждались призами, дипломами, медалями; часто отмечалась их инновационность. Авторами получено 14 патентов РФ, 7 медалей «Лауреат ВВЦ». Творческий коллектив НПЦ «Электробезопасность» сал лауреатом Премии Кировской области в области науки и техники.

НИР по разработке электронных электрозащитных средств и устройств контроля опасных факторов включена в Программу стратегического развития ВятГУ.

Информация, накопленная в процессе информационно-патентных поисков, собственных исследований, разработки приборов, полевых испытаний, встреч со специалистами электросетевых предприятий, в т.ч. на техсоветах, совещаниях, выставках, была систематизирована для использования в процессе подготовки студентов по направлению «Электроэнергетика и электротехника».

Проблемы, для решения которых предназначены разработанные приборы, рассматриваются в дисциплинах «Теоретические основы электротехники» ч. III, «Основы электробезопасности в электротехнической промышленности». Принцип действия, устройство приборов, вопросы их сертификации, утверждения типа средства измерений, поверки – в дисциплинах «Метрология», «Информационно-измерительная техника и электроника», «Основы электробезопасности в электротехнической промышленности», методики применения и пользование ими – в лабораторных и практических занятиях по вышеназванным дисциплинам.

Большой объем наработанного материала позволил подготовить изучаемую магистрами направления «Электроэнергетика и электротехника» в двух семестрах дисциплину «Спецвопросы электробезопасности».

Пользоваться разработанными в НПЦ «Электробезопасность» ВятГУ приборами студенты этого направления учатся также в конце второго курса во время летней практики в учебном центре «Энергетик».

Есипенко Д.Ю.
аспирант ФГАОУ ВПО «Северо-Кавказский федеральный университет»
d-h@bk.ru

МОДЕЛИРОВАНИЕ СИСТЕМЫ ДЛЯ РЕШЕНИЯ ЗАДАЧ ОРГАНИЗАЦИИ ОБРАЗОВАТЕЛЬНОГО ПРОЦЕССА

Образование в Российской Федерации сегодня подвергнуто поиску путей своего обновления. Вхождение России в образовательное пространство мира, подготовка квалифицированных специалистов в различных областях деятельности человека ставят перед организующим образовательный процесс новые задачи по поиску оптимального решения проблем образования в высшем образовательном учреждении.

Основной задачей системы высшего профессионального образования является удовлетворение потребностей общества в специалистах нужного профиля [1]. При этом очевиден факт, что выпускаемые специалисты, по совокупности причин, обладают различным уровнем подготовки. Одним из факторов, который влияет на полноту соответствия выпускника требованиям современности, является оптимальное предварительное моделирование образовательного процесса.

Темп развития науки и техники подчеркивает актуальность ежегодного формирования новых требований к содержанию образовательного процесса. Данный аспект отражает потребность наличия у выпускника текущего года более высокого уровня подготовки, чем у специалиста предыдущего выпуска.

Качество подготовки учащегося во многом определяется содержанием его образовательного процесса. Подготовка выпускников, квалификация которых отвечает требованиям современности, предполагает наличие поступательного совершенствования организации образовательного процесса.

Способы организации образовательного процесса должны учитывать необходимость быстрой адаптации к изменениям в требованиях по отношения к специалисту. Одним из таких способов является построение системы дистанционного обучения с предварительным моделированием. Подобные системы соответствуют вышеперечисленным требованиям современности, позволяют находить оптимальные решения по организации процесса обучения исходя из поставленной цели.

Средствами оптимизации в подобных системах обучения являются: отбор содержания обучения и установление последовательности при изучении учебных дисциплин, прочных связей и взаимоотношений между предметами и видами обучения. Чем теснее и глубже данная связь (в частности, изучение одного предмета на основе знаний, полученных в другом), тем выше уровень научной и профессиональной подготовки специалистов [1].

Рассмотрим наиболее популярную программнау платформу Moodle, которая распространяется по лицензии Open Source и позволяет реализовать организацию образовательного процесса посредством построения системы дистанционного обучения.

Обучающую платформу Moodle используется более чем в 50000 организациях из порядка 200 стран мира, в том числе в России. В Российской Федерации зарегистрировано более 600 инсталляций с количеством пользователей в некоторых из них до 500 тысяч человек [2].

Moodle позволяет создавать и проводить учебные курсы в режиме онлайн. Акцент в данной системе сделан на поддержку активного взаимодействия между преподавателями и учащимися, учащихся с учащимися. Данные факты отражают наличие возможностей у обучающихся по совместному решению задач, обсуждению, обмену знаниями и по организации других видов коллективной работы.

Математическое моделирование образовательного процесса позволяет проверять качество логических построений описательной стороны объекта рассмотрения и устанавливать определённые взаимоотношения количественных и качественных отношений без экспериментов непосредственно в самой системе [3]. Возможность моделирования организации образовательного процесса на базе Moodle обеспечена наличием входных и выходных данных по обучающимся, которые представлены в математической форме. Например, существуют следующие варианты выявления способностей обучающихся в данной системе:

- процент правильных ответов по конкретному вопросу. Его величина отражает сложность вопроса для тестируемого. Статистическое стандартное отклонение полученных баллов от среднего значения в группе тестируемых;

- дискриминационный индекс является индикатором способности определенного вопроса разделять качество полученного образования студентов;

- дискриминационный коэффициент – другая мера, позволяющая оценить качество вопроса. Данный коэффициент есть корреляция между баллами, полученными тестируемым по определенному вопросу и его оценкой за прохождение всего теста.

Анализ результатов тестирования посредством вышеперечисленных коэффициентов расширяет возможности по улучшению качества решения задач организации образовательного процесса обучающихся. Moodle имеет модульную структуру, что позволяет гибко изменять ее и дополнять функциональные возможности системы.

Проведенная практическая апробация Moodle позволяет сделать вывод, что по совокупности показателей данная система наиболее доступна и перспективна в плане использования при моделировании образовательного процесса.

Таким образом, моделирование системы для решения задач организации образовательного процесса востребовано. Данный процесс позволяет обеспечить качественную подготовку обучающихся посредством исследования структуры и содержания обучения в современных условиях.

Литература

1. Носков С.И., Демаков В.И. О планировании учебного процесса: Моделирование технических и природных систем. // Методы оптимизации и их приложения: Труды XIII Байкальской международной школы-семинара в 6 томах. - Иркутск: ИСЭМ СО РАН, 2005. Т. 5. - С. 211-217.

2. Moodle Электронный ресурс. Электрон, дан. — Режим доступа: http://www.moodle.org. - Загл.с экрана.

3. Редысина А.В. Автоматизированная система обучения синтезу алгоритмов / А.В. Редькина // Системы управления и информационные технологии. 2008. -№2.2(28). - С. 280-284

Володин А.А. - аспирант кафедры «Информационные системы, электропривод и автоматика» Невинномысского технологического института Северо-Кавказского федерального университета

Лубенцова Е.В. - к.т.н., доцент кафедры «Информационные системы, электропривод и автоматика» Невинномысского технологического института Северо-Кавказского федерального университета

ИНТЕЛЛЕКТУАЛЬНАЯ СИСТЕМА СТАБИЛИЗАЦИИ ТЕМПЕРАТУРНОГО РЕЖИМА БИОПРОЦЕССА

Проблема автоматической стабилизации параметров технологических процессов является актуальной для сложных систем, в которых параметры не являются четко определенными. К таким системам относятся биотехнологические процессы ферментации. Реально зависимость роста микроорганизмов от температуры имеет экстремальный характер при достаточно узком температурном оптимуме. Поэтому поддержание оптимального температурного оптимума роста культуры требует построения качественной системы стабилизации температуры с учетом особенностей системы охлаждения биореактора.

В настоящее время температурный режим многих технологических объектов стабилизируют системы, использующие двухпозиционное регулирование, либо пропорционально-интегрально-дифференциальные (ПИД) регуляторы. В случае использования классических регуляторов точность стабилизации температуры на заданном уровне помимо точности измерения температуры зависит от настройки регуляторов. Однако для определения настроечных параметров классических регуляторов либо для построения адаптивной системы управления необходима адекватная математическая модель объекта управления. Построение такой модели для сложных объектов либо затруднено, либо вообще невозможно.

С учетом изложенного для качественной системы стабилизации температуры процесса ферментации целесообразно использовать интеллектуальную систему, которая позволяет изменять свои характеристики в соответствии с изменениями свойств объекта управления. По мнению экспертов, в ближайшие годы около 70 % всех разработок по интеллектуальным системам будут основываться на нечеткой логике [1].

Для построения системы стабилизации температурного режима экзотермического процесса ферментации выбрана гибридная технология адаптивной нейро-нечеткой системы заключений (ANFIS) [2,666], обладающая, по сравнению с другими методами, высокой скоростью обучения, простотой алгоритма, возможностью реализации практически неограниченной базы знаний и полной проработанностью программного обеспечения [3,736;4,288].

На рис. 1 приведены графики изменения температур и расхода хладагента при синусоидальном и ступенчатом возмущении по температуре охлаждающей воды (*T*) на входе в холодильник в системе регулирования с ПИД-регулятором ($К_р$ = 3,8; $К_и$ = 0,2 мин$^{-1}$; $Т_д$ = 8,9 мин). Как видно из рис. 1, классический ПИД-регулятор в недостаточной степени компенсирует резкое повышение температуры в начальный момент тепловыделения процесса ферментации даже при отсутствии ограничения на расход хладагента. Анализ переходных процессов показывает, что максимальный выбег по температуре составляет 43 °С, а по расходу хладагента – 200 м^3/ч, что превышает допустимый (100 ± 15 м^3/ч) в 2 раза. Последнее практически не осуществимо, поэтому задачей проектируемого регулятора является уменьшение расхода до величины 100 ± 15 м^3/ч без существенного возрастания температуры в момент пикового тепловыделения. С другой стороны отметим, что в данном случае не столь критична максимальная температура в реакторе, она не должна превышать 55 °С в момент пикового тепловыделения. Отметим также, что допустимо повышение температуры воды в холодильнике в момент пикового тепловыделения до 36 °С. С учетом изложенного можно отметить, что ПИД-регулятор не в состоянии обеспечить удовлетворительную стабилизацию температуры.

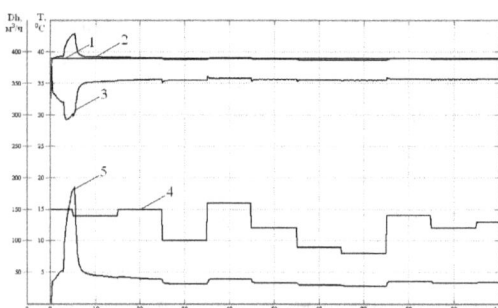

Рис. 1 – Переходные процессы в системе регулирования температуры в биореакторе с помощью ПИД-регулятора при ступенчатом изменении температуры хладагента: 1 – задание требуемой температуры (T), 2 – температура жидкости в реакторе (T), 3 – температура хладагента (T), 4 – температура хладагента на входе (T), 5 – расход хладагента (Dh)

В данной работе, используя редактор Simulink, была разработана и построена математическая модель нечеткой системы автоматического управления режимом охлаждения процесса ферментации в среде MatLab с помощью графических средств пакета Fuzzy Logic Toolbox [2,9]. Для учета в законе управления изменяющихся во времени переменных, влияющих на процесс управления, в fis – редакторе (fuzzy inference system) реализована система Сугено с двумя входами: температура в реакторе – *T*), температура хладагента на входе – *Th* и одним выходом – расход хладагента *Dh*. Фрагмент базы знаний такой системы содержит нечеткие правила «если-то» типа Такаги-Сугено и имеет вид

П1: Если T = A_1 и Th = B_1, то Dh = $p_1T + q_1Th + r_1$;
П2: Если T = A_2 и Th = B_2, то Dh = $p_2T + q_2Th + r_2$;

П3: Если $T = A_3$ и $Th = B_3$, то $Dh = p_3T + q_3Th + r_3$,

где T, Th – входные переменные; Dh – выход системы; $A_1, A_2, A_3, B_1, B_2, B_3$ – некоторые нечеткие множества с функциями принадлежности сигмоидного типа; p_i, q_i, r_i – константы (i=1,2,3).

Приняв коэффициенты p_i и $q_i = 0$, зададим по выходу три функции-константы: high = 12, medium = 8 и 0 = 0. При этом исходим из следующих соображений: высокая температура более 36 °C – это температура, полученная при разбалансировке ПИД-регулятора; более высокий коэффициент по входу *T* должен обеспечить регулирование в первую очередь температуры в реакторе; константа high = 12 – это максимально возможный расход хладагента.

Результат работы нечеткого регулятора по генерированию выходного сигнала (управляющего воздействия) показан на рис. 2.

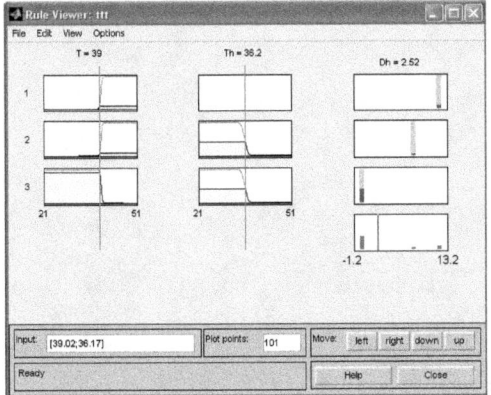

Рис. 2 – Результат работы нечеткого регулятора

Анализ реакции системы с данным fuzzy-регулятором на тепловыделение показывает, что максимальный расход хладагента не превышает 115 м³/ч, Причем на участке с тепловыделением имеет место близкое к прямоугольному импульсу управляющее воздействие, что положительно будет сказываться и на других участках рабочего интервала регулирования температуры при компенсации возникающих резких температурных рассогласований.

Таким образом, разработанная нейро-нечеткая система обеспечивает требования к стабилизации температурного режима биопроцесса с учетом ограничения на управляющее воздействие. Результаты исследований показали, что внедрение предложенной системы позволит повысить точность поддержания заданной температуры относительно ПИД-регулятора на 2,1 % и снизить пиковый расход хладоагента на 43 %.

Литература

1. Мелихова О.А. Нечеткие интеллектуальные системы // http://pitis.tsure.ru/files5/09.htm (дата обращения 20.10.2012).
2. Jang J.S.R. ANFIS: Adaptive network based fuzzy inference systems / J.S.R Jang // IEEE Trans on Systems, Man and Cybernetics. – May 1993. – 23 (03). – P. 665–685.

3. Леоненков А.В. Нечеткое моделирование в среде MATLAB и fuzzyTECH. - СПб.: БХВ-Петербург, 2003. - 736 с.].

4. Штовба С. Д. Проектирование нечетких систем средствами MATLAB. – М.: Горячая линия – Телеком, 2007. – 288 с.

УДК 504.75.06

Хилюк А.В.
аспирант
Рогов В.А.
д.т.н., профессор

ВЗАИМОДЕЙСТВИЕ ЭЛЕКТРОСТАТИЧЕСКОГО ПОЛЯ И АДСОРБЕНТОВ ПРИ ОЧИСТКЕ ПРИРОДНОЙ ВОДЫ ДЛЯ ПИТЬЕВЫХ НУЖД

Предлагается способ, способствующий улучшению процесса коагуляции. Проводится изучение изменения содержания в воде растворенного железа общего, цветности и мутности.
A method is proposed, contributing to the improvement of the process of coagulation. Conducted the study of the change in the water of dissolved total iron, color and turbidity.

НАПРЯЖЕНИЕ НА ЭЛЕКТРОДАХ, РАССТОЯНИЕ МЕЖДУ ЭЛЕКТРОДАМИ, ОБЩЕЕ ЖЕЛЕЗО, ЦВЕТНОСТЬ, СОРБЕНТ, ВОДА, THE VOLTAGE AT THE ELECTRODES, THE DISTANCE BETWEEN THE ELECTRODES, TOTAL IRON, COLOR, SORBENT, WATER.

На сегодняшний день, одной из наиболее важных задач жилищно-коммунального хозяйства является не только снижение себестоимости технологии получения воды для питьевых нужд, но и улучшение качественного состава ее показателей, согласно ГОСТа [1].

К одному из наиболее перспективных направлений очистки воды следует отнести электрохимические методы, и в частности применение ионно-электронной технологии (ИЭТ) с использованием постоянного тока промышленной частоты.

Цель авторов статьи - разработка эффективной, экономичной и экологически щадящей системы очистки природной воды для питьевых нужд, соответствующей гигиеническим требованиям санитарных норм.

Эксперименты проводились в лабораторных условиях на опытной установке. На стадии подготовки эксперимента определялись переменные факторы - расстояние между электродами и величина напряжения на электродах. В процессе реализации предлагаемого способа очистки природной воды выявлялось влияние определенных факторов на изменение содержания в воде растворенного железа общего, цветности и мутности.

В качестве сорбента использовалось два вида смеси - на основе кварцевого песка и цеолита. В сорбирующую смесь включена система чередующихся электродов, выполненных в виде пластин на которые подавался ток постоянной величины 0,3-0,5 А. Смесь каждого из сорбентов подвергалась дополнительной обработке, согласно Гост [1,2] и СанПиН [4]. Природная вода, подвергающаяся очистке предварительно загрязнена до показателей воды, поступающей в распределительную сеть (питьевой водопровод) г. Лесосибирска на основании протокола лабораторных испытаний № 121-1151 от 27 июля 2012 г.

Определение основных нормативных показателей качества очищенной воды проводились с помощью фотоколориметра КФК-3 и фотометра Milwaukee MV-14. Полученные данные обработаны в программе STATGRAPHICS [3].

В таблице 1 представлены значения экспериментальных данных: расстояние между электродами L, напряжение на электродах U, содержание в воде железа двухвалентного Fe, цветность воды С, мутность воды М.

На основании экспериментальных данных получено уравнение регрессии, адекватно описывающее исследуемую область:

$$Fe = 0{,}4922 + 0{,}0350*L - 0{,}1600*U + 0{,}0017*L^2 - 0{,}0025*L*U - 0{,}0133*U^2$$

Таблица 1 – Результаты реализации эксперимента для определения показателей очистки воды

		ПЕСОК		ЦЕОЛИТ	
L=0,025 м	U=42 В	Fe, мг/л	0,60	Fe, мг/л	0,85
		C, град	24	C, град	29
		М, мг/дм³	2,29	М, мг/дм³	2,70
	U=62 В	Fe, мг/л	0,46	Fe, мг/л	0,81
		C, град	20	C, град	28
		М, мг/дм³	1,82	М, мг/дм³	2,65
	U=82 В	Fe, мг/л	0,29	Fe, мг/л	0,79
		C, град	19	C, град	28
		М, мг/дм³	1,52	М, мг/дм³	2,65
L=0,05 м	U=42 В	Fe, мг/л	0,64	Fe, мг/л	0,86
		C, град	25	C, град	29
		М, мг/дм³	2,31	М, мг/дм³	2,70
	U=62 В	Fe, мг/л	0,50	Fe, мг/л	0,83
		C, град	21	C, град	28
		М, мг/дм³	1,85	М, мг/дм³	2,68
	U=82 В	Fe, мг/л	0,31	Fe, мг/л	0,80
		C, град	20	C, град	27
		М, мг/дм³	1,53	М, мг/дм³	2,68
L=0,075 м	U=42 В	Fe, мг/л	0,68	Fe, мг/л	0,87
		C, град	25	C, град	29
		М, мг/дм³	2,46	М, мг/дм³	2,71
	U=62 В	Fe, мг/л	0,52	Fe, мг/л	0,83
		C, град	23	C, град	28
		М, мг/дм³	2,36	М, мг/дм³	2,68
	U=82 В	Fe, мг/л	0,36	Fe, мг/л	0,83
		C, град	21	C, град	27
		М, мг/дм³	1,55	М, мг/дм³	2,66
Б/э	-	Fe, мг/л	0,80	Fe, мг/л	0,87
		C, град	28	C, град	29
		М, мг/дм³	2,60	М, мг/дм³	2,71

В диаграмме Порето (рис.1), показано взаимодействие и влияние основных факторов на процесс удаления из природной воды общего железа (Fe). Наибольшее воздействие оказывает напряжение (U), подаваемое на чередующиеся нерастворимые электроды в системе очистки воды ИЭТ.

На рисунке 2 и 3 – графике поверхности отклика видно минимальное и максимальное значения содержания общего железа (Fe) в воде и цветности (C), а так же можно оценить параметры, при которых они были получены. Минимальное содержание, растворенного в воде железа общего (Fe) равное 0,29 мг/л, которое по нормам на основании ГОСТ [2] не должно превышать 0,3 мг/л. достигается при максимальном напряжении (U) и наименьшем расстоянии между электродами (L). Это можно объяснить тем, что при увеличении напряжения на электродах с учетом уменьшения расстояния между электродами на которые подается ток (J) постоянной величины 0,3-0,5 А увеличиваются адсорбционные показатели сорбирующего вещества в процессе коагуляции взвешенных веществ в воде, одним из которых является железо общее (Fe). Невысокие показатели при среднем напряжении и минимальном расстоянии связаны с недостаточным временем воздействия электрического поля. Максимальное содержание растворенного железа общего в воде, превышающее нормативные данные при минимальном напряжении и максимальном расстоянии между электродами, вызвана недостаточными для коагуляции условиями среды.

При рассмотрении поверхности отклика видно, что показатели железа общего (рис.2) в очищенной воде и показатели цветности (рис.3) максимально приближаются к нормативным при увеличении напряжения на электродах.

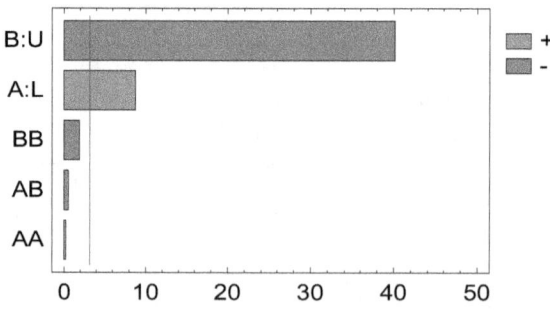

Рисунок 1 – Диаграмма Парето

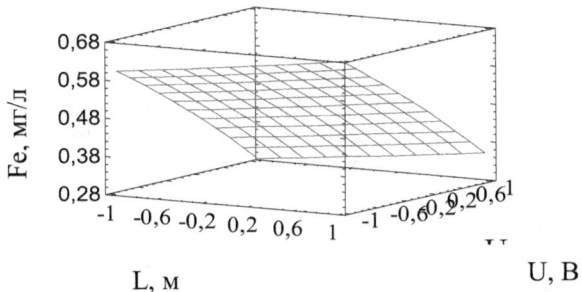

Рисунок 2 – Поверхность отклика для железа общего в очищенной воде с песком в качестве сорбента

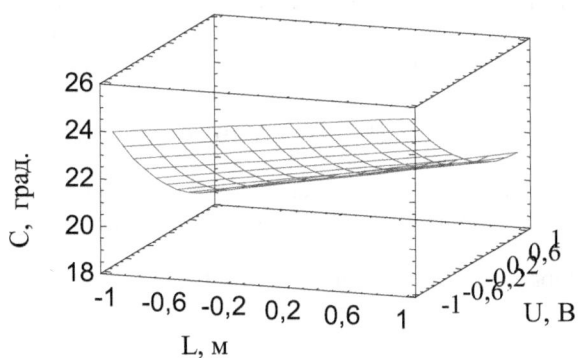

Рисунок 3 – Поверхность отклика для цветности в очищенной воде с песком в качестве сорбента

Помимо удаления общего железа в межэлектродном пространстве проходят общеизвестные процессы, способствующие деструкции органических и неорганических веществ и бактерицидному обеззараживанию природной воды:

- разложение воды на кислород и ионы водорода, с подкислением у анода:

$$H_2O - 2e = 1/2\ O_2 + 2H^+;$$

- разложение воды на водород и гидроксильный ион, с подщелачиванием обрабатываемой жидкости у катода:

$$2H_2O + 2e = H_2 + 2OH^-;$$

Вывод:

В ходе исследования установлено, что система очистки воды для питьевых нужд на основе использования ионно-электронной технологии, позволяет достигнуть оптимальных показателей качества полученной воды, согласно ГОСТа [1]. Теоретические исследования дают возможность предположить, что в процессе прохождения природной воды через систему ИЭТ в межмолекулярном пространстве системы электродов действуют активные компоненты – водород и кислород, обладающие большим запасом химической энергии в момент их образования и служащие сильными восстановителями и окислителями.

Для определения влияния ИЭТ на процесс удаления ионов тяжелых металлов, органических соединений и микробиологических загрязнений необходимо провести дальнейшие исследования с изготовлением опытно-промышленной установки и внедрения ее в систему водоснабжения.

Список использованных источников

1 ГОСТ Р 51641-2000 Материалы фильтрующие зернистые. Общие технические условия – М.: ИВС «УРАЛТЕСТ», 2000.

2 ГОСТ 4011-72 Вода питьевая. Методы измерения массовой концентрации общего железа – М.: ИПК Издательство стандартов, 1974.

3 Дюк, В. Обработка данных на ПК в примерах [Текст] / В. Дюк – Питер, 1997.–240с.

4 СанПиН 2.1.4.1074-01 (с изменениями) Питьевая вода. Гигиенические требования к качеству воды централизованных систем питьевого водоснабжения. Контроль качества – М.: Минздрав России, 2002.

Костромин С.В.[2], Беляев Е.С.[2]
[1]к.т.н., доцент, зав. кафедрой «Материаловедение и технологии новых материалов»; [2]к.т.н., доцент кафедры «Материаловедение и технологии новых материалов» Нижегородского государственного технического университета им. Р.Е.Алексеева, mtnm@nntu.nnov.ru

СТРУКТУРА И СВОЙСТВА СТАЛИ 12Х18Н10Т ПОСЛЕ ЛАЗЕРНОЙ ПОВЕРХНОСТНОЙ ОБРАБОТКИ

Благодаря уникальному сочетанию стойкости против коррозии и прочностных характеристик, сталь 12Х18Н10Т нашла широкое применение практически во всех отраслях промышленности. В настоящее время актуальной становится задача по повышению эксплуатационных характеристик изделий методами поверхностного упрочнения.

Взаимодействие лазерного излучения с материалом сопровождается нагревом поверхностных слоев и в случае необходимости – расплавлением их. При этом наблюдается сложный комплекс фазовых превращений, в результате которых на поверхности изделий образуются модифицированные слои с уникальными свойствами.

Эффект упрочнения сталей при лазерном воздействии может достигаться не только мартенситным превращением, но и достижением оптимального сочетания насыщенности твердых растворов углеродом и легирующими элементами с их неоднородностью, возникающей при частичном растворении исходных карбидов, повышением плотности дефектов кристаллического строения и пластическими сдвигами, происходящими в условиях мощного теплового импульса [1].

Таким образом, воздействие лазерного излучения на материалы представляет собой уникальный способ изменения субструктуры зон лазерного воздействия (ЗЛВ). Облученные участки поверхности стальных образцов имеют гетерогенное строение вследствие неравномерного распределения энергии по сечению лазерного пучка, режима облучения, химического состава и структуры исходного металла, что оказывает влияние на показатели коррозионной стойкости и механические характеристики ЗЛВ.

Целью данной работы было исследование структуры и механических свойств поверхностных слоёв стали 12Х18Н10Т после лазерной обработки.

Исследования проводились на образцах из стали 12Х18Н10Т, подвергнутых закалке от 1080 °C в воду. Лазерная обработка выполнялась на установке «Латус-31» в непрерывном режиме в интервале плотностей мощности $q = 2{,}0$–$7{,}0$ кВт/см^2.

На рисунке 1 показана структура ЗЛВ исследуемого образца.

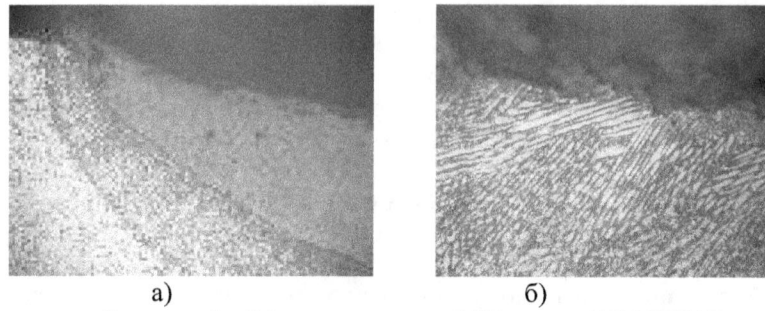

Рисунок 1 – Микроструктура ЗЛВ стали 12Х18Н10Т:
а) х115; б) х340.

Из рисунка 1 видно, что ЗЛВ состоит из зоны плавления и зоны термического влияния. Выбранные режимы обработки обеспечили получение модифицированного слоя максимальной глубины – 1,2 мм, однако привели к получению на поверхности кратер вследствие испарения металла. Очевидно, что при повышении температуры до температуры кипения начинается интенсивное испарение материала. Под действием избыточного давления образующихся паров происходит искривление границы расплава, и на поверхности вещества в месте воздействия лазерного излучения образуется кратер. Попадающее в этот кратер излучение поглощается веществом интенсивнее, чем в начале процесса облучения, причем, отражаясь от стенок кратера, излучение остается в нем и способствует его расширению.

Зона плавления имеет структуру с характерным расположением дендритов, кристаллизующихся в направлении максимального отвода тепла. Причем у дендритов наблюдается отсутствие осей второго порядка, что связано с большими скоростями охлаждения.

Структура зона термического влияния состоит из более крупных зерен аустенита по сравнению с основой.

Для оценки предельной пластической деформации модифицированного слоя был использован простой метод, описанный в работе [2]. В поверхность испытуемого материала вдавливается индентор, затем на некотором расстоянии от полученного отпечатка наносятся серия дополнительных отпечатков, постепенно приближающихся к исходному. Момент появления хрупкой трещины (трещины Палмквиста) будет соответствовать достижению предельной деформации слоя. В качестве индентора использовалась пирамида Виккерса с нагрузкой 600 Н. Трещины Палмквиста между двумя наколами показана на рисунке 2.

Предельная деформация определяется по отношению диагонали отпечатка и длины трещины в момент ее появления:

$$\varepsilon^{пред} = d_{отп}/l_{тр},$$

где $d_{отп}$ – диагональ отпечатка, мкм,

$l_{тр}$ – длина трещины, мкм.

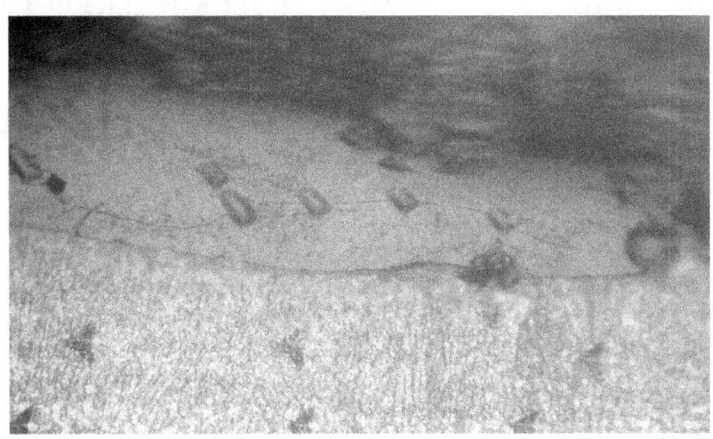

Рисунок 2 - Вид трещины между отпечатками алмазной пирамиды Виккерса на стали 12Х18Н10Т после лазерной обработки, х340.

Для стали 12Х18Н10Т предельная деформация модифицированного слоя $\varepsilon^{пред}$, полученного при выбранных режимах лазерной обработки, составит 5,6%.

По значениям предельной деформации можно судить о запасе пластичности различных материалов с одинаковой твердостью. Считается менее пластичным тот материал, у которого величина предельной деформации меньше при одинаковой твердости.

Список литературы:

1. Григорьянц А.Г., Шиганов И.Н., Мисюров А.И. Технологические процессы лазерной обработки. – М.:МГТУ им. Н.Э.Баумана. - 2008. - 664 с.
2. Гаврилова Л.А. Оценка предельных характеристик поверхностных слоев материалов, термически упрочненных на повышенную твердость: дис.... канд. техн - Нижний Новгород -1997 – 187 с.

Гордиенко Л.А., Евдокимов И.А., Куликова И.К., Горлачева С.В.
к.т.н., ст. преподаватель; д.т.н., профессор; к.т.н., доцент; аспирант,
Северо-Кавказский федеральный университет

СКВАШИВАНИЕ МОЛОКА ПРОБИОТИЧЕСКИМИ КУЛЬТУРАМИ ПРИ ПРОИЗВОДСТВЕ КИСЛОМОЛОЧНЫХ ПРОДУКТОВ ФУНКЦИОНАЛЬНОГО НАЗНАЧЕНИЯ[1]

При проектировании технологии кисломолочных напитков важной задачей является подбор ингредиентов для обеспечения высоких органолептических и физико-химических показателей. Для обогащения кисломолочных напитков белком использовали сухой концентрат сывороточных белков в нативной форме, полученный методом ультрафильтрации из подсырной сыворотки (КСБ-УФ) с содержанием сывороточных белков 35 % (Westland Cooperative Dairy Company Ltd, New Zealand).

Исследовали влияния сухого КСБ-УФ на органолептические и физико-химические показатели кисломолочных напитков.

В ходе эксперимента использовали образцы, содержащие молоко и сухой КСБ-УФ. В нормализованное по жиру молоко добавляли следующие дозы КСБ-УФ: 3, 4 и 5 %. Контролем служило нормализованное по массовой доле жира (2,5 ± 0,1) % молоко.

Для изучения влияния сухого КСБ-УФ на эффективность кислотообразования заквасочной микрофлоры были выбраны закваски на чистых культурах микроорганизмов наиболее часто используемых в производстве кисломолочных напитков. Использовали следующие виды заквасок:

• заквасочная культура «Биобактон» (*Lactobacillus acidophilus*);

• заквасочная культура для ряженки (*Streptococcus thermophilus*);

• закваска бактериальная симбиотическая молочнокислых стрептококков и болгарских палочек для производства йогурта (соотношение культур в закваске *Streptococcus thermophilus* : *Lactobacillus delbrueckii subsp. bulgaricus* – 1:1).

Смеси пастеризовали при температурном режиме (85 – 87) °С в течение (15 ± 2) минут, охлаждали до температуры заквашивания, соответствующей температурному оптимуму для данной закваски. Затем в

---

[1] Работа выполнена в рамках реализации гранта Президента Российской Федерации для государственной поддержки молодых российских ученых по теме: «Разработка инновационных технологий кисломолочных продуктов с использованием пищевых функциональных ингредиентов» при финансовой поддержке Минобрнауки России (договор № 14.125.13.4342 – МК от 04.02.2013 г.) на базе Северо-Кавказского федерального университета.

образцы вносилась закваска в количестве (5 ± 0,5) %. Процесс сквашивания проводили при следующих температурных режимах: (37 ± 2) °С для ацидофильной палочки, (40 ± 2) °С для термофильного стрептококка и заквасочной культуры для йогурта. Готовность образцов определяли по кислотности и плотности сгустка. Все исследования проводились в трехкратных повторностях для получения достоверных результатов.

По окончании сквашивания определялись органолептические и физико-химические показатели (предельная и титруемая кислотность).

Из литературных данных известно [1; 2; 3; 4], что добавление сухого концентрата выше 5 % неблагоприятно сказывается на органолептических показателях готового продукта. Возможно появление специфического привкуса сывороточных белков.

Органолептическая оценка качества проводилась закрытым способом по рекомендуемой шкале дегустационной оценки кисломолочных продуктов [5]. Максимальная оценка 10 баллов, в том числе: 5 баллов – вкус и запах, 3 балла – внешний вид и консистенция, 1 балл – цвет, 1 балл – внешний вид. Результаты дегустационной оценки кисломолочных напитков с различным содержанием сухого КСБ-УФ представлены на рисунке 1.

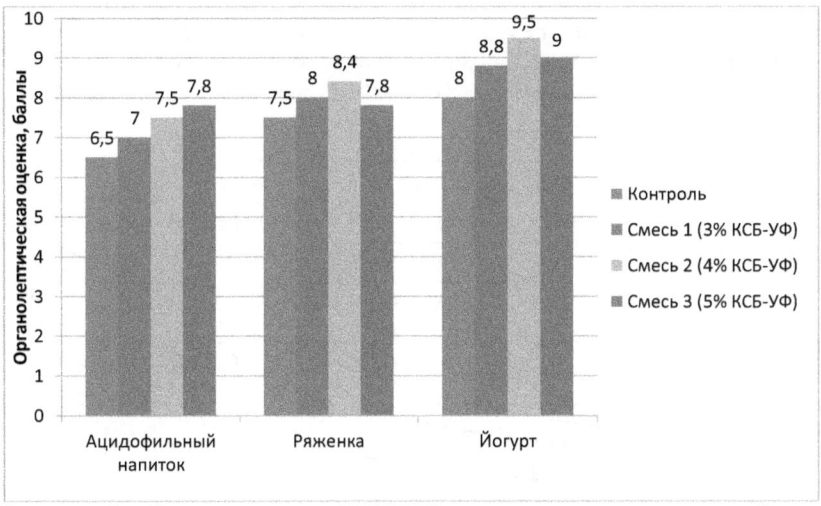

Рисунок 1 – Влияние сухого КСБ-УФ на органолептические свойства кисломолочных напитков

Согласно проведенной дегустации установлено, что во всех образцах кисломолочных напитков с КСБ-УФ внесение концентрата улучшает органолептические показатели готовых продуктов по сравнению с контролем. Так, в образах ацидофильного напитка органолептическая оценка возрастает с увеличением дозы внесения КСБ-УФ. Это связано с улучшением консистенции и приданию готовым продуктам приятного вкуса, более мягкого по сравнению с контролем. При внесении КСБ-УФ в образцы ряженки наблюдается улучшение консистенции готовых продуктов. Однако внесение 5 % КСБ-УФ нежелательно сказывается на вкусе готового продукта, отмечается заметный привкус сывороточных белков.

Наилучшие результаты органолептической оценки были получены в образцах йогурта с КСБ-УФ. С увеличением массовой доли сывороточных белков наблюдалось улучшение консистенции и прочности сгустка готовых продуктов. При внесении 5 % КСБ-УФ в молочную основу отмечается только слабый привкус сывороточных белков в йогурте. Максимальную органолептическую оценку получил йогурт с содержанием 4 % КСБ-УФ.

Результаты исследований по влиянию сухого КСБ-УФ на кинетику нарастания кислотности опытных образцов йогурта представлены на рисунке 2.

На основании экспериментальных данных выяснено, что в йогуртах с КСБ-УФ титруемая кислотность нарастает быстрее, чем в контрольных образцах. Для ацидофильного напитка прирост кислотности составляет от 18,2 до 53 %, для ряженки – от 13,3 до 34,5 %, для йогурта – от 21,6 до 46,2 %. Полученные результаты объясняются увеличением буферной емкости смеси за счет добавления сывороточных белков. При титровании кисломолочных напитков с КСБ-УФ повышается количество щелочи, приходящей на долю белка.

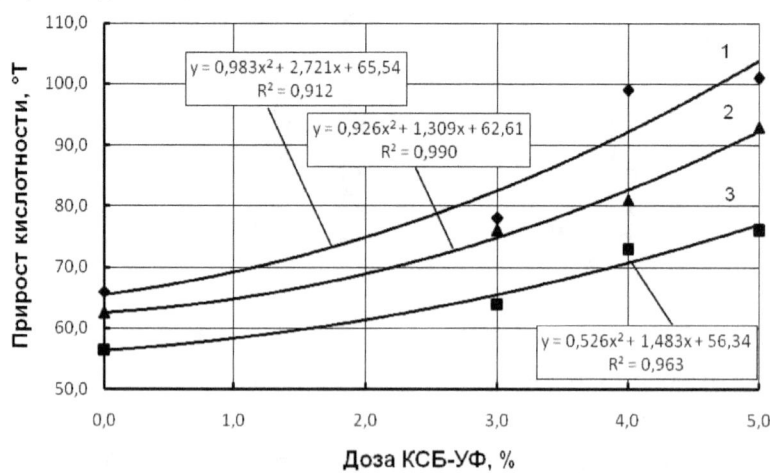

Рисунок 2 – Кинетика нарастания кислотности при внесении различных доз сухого КСБ-УФ

Существенного влияния на изменение микробиологических показателей опытных образцов йогурта внесение сухого КСБ-УФ не оказывало.

Таким образом, для дальнейших исследований по производству кисломолочных напитков с добавлением сухого КСБ-УФ в качестве заквасочной микрофлоры была выбрана заквасочная культура для производства йогурта (соотношение культур в закваске *Streptococcis thermophilus* : *Lactobacillus delbrueckii subsp. bulgaricus* – 1:1).

Для определения дозы внесения концентрата в молочную основу были проведены исследования по влиянию КСБ-УФ на реологические свойства кисломолочных напитков.

Работа выполнена в рамках реализации гранта Президента Российской Федерации для государственной поддержки молодых российских ученых по теме: «Разработка инновационных технологий кисломолочных продуктов с использованием пищевых функциональных ингредиентов» при финансовой поддержке Минобрнауки России (договор № 14.125.13.4342 – МК от 04.02.2013 г.) на базе Северо-Кавказского федерального университета.

Литература:

1. Тамим, А.Й. Йогурт и аналогичные кисломолочные продукты: научные основы и технологии [Текст] / А.Й. Тамим, Р.К. Робинсон; пер. Л.А. Забодаловой. – СПб. : Профессия, 2003. – 664 с.
2. Токаев, Э.С. Сывороточные белки для функциональных напитков [Текст] / Э.С. Токаев, Е.Н. Баженова, Р.Ю. Мироедов // Молочная промышленность. – 2007. – №10. – С. 55-56.
3. Храмцов, А.Г. Производство и использование концентратов молочной сыворотки [Текст] / А.Г. Храмцов, Д.Н. Лодыгин, И.А. Евдокимов и др. // Обзорная информация. Сер. Молочная промышленность. – М. : АгроНИТЭИММП, 1990. – 32 с.
4. Храмцов, А.Г. Технология продуктов из молочной сыворотки [Текст] / А.Г. Храмцов, П.Г. Нестеренко // Учебное пособие. – М. : ДеЛи принт, 2004. – 587 с.
5. Шидловская, В.П. Органолептические свойства молока и молочных продуктов [Текст]. – М. : КолосС, 2000. – 243 с.

Slesarenko I. B., Slesarenko I. V.
Candidate of technical science Far East Federal University, Vladivostok, Russia
Graduate student Far East Federal University, Vladivostok, Russia
islesarenkob@rambler.ru

FEATURES OF SOLAR WATER HEATING PLANTS MODELING

Prospects for using solar water heaters on the territory of Primorskiy Kray depend on the number of technical, economic and social factors. Technical constraints are specified by the total solar radiation and the ability to substitute power demands of the population and of the industrial objects of the region with the solar energy. It is important to note that solar radiation has good values for Primorskiy Kray. It makes up from 4,5 up to 5,0 kwt h/m^2 per day and 1651,35 kwt h/m^2 per year [1, 32]. It allows supply customers with hot water of solar water heaters completely in summer and by 70-80% in winter. Economic constraints come from financial expenses for solar water heating plants (SWHP) introduction. They depend on the period of effective application of the solar plant during the whole year which largely depends on the scheme and level of the plant automation.

Modern tendencies of the solar energy development in the East of Russia show that solar water heating plants are frequently used for heating houses, social buildings which are of municipal property and for industrial buildings of the developing companies.

All owners of the investigated solar plants seek a minimization of their maintenance. For this purpose it is necessary to ensure high level of solar water heating plants automation first of all. This task can't be easily solved without application of the management object modeling methods.

Experience of the developers of solar water heating installation determine the range of the main characteristics of the model solar water heating installation. Area of solar collectors - 1,5 ... 4,5 m2, storage tank capacity - up to 500 liters water flow 15 ... 80 kg /(m^2·h) [2,28; 3,74; 4,51].

To optimize the automation system and to calculate the dynamic characteristics of solar water heating plants it is traditional to use two methods: identification method and an object mathematical model approach.

In the first case to investigate the regulated object it is necessary to know the level of the input effects changes and output parameters deviation. As a rule, at the same time a complete idea of the internal structure of an object or of the available parameter relationships can't be obtained. It is also difficult to define how the solar water heating plants dynamic characteristics can affect the choice of the best plant structure.

In the second case technical and technological data defining the conditions of the solar water heating is known. When modeling information about the construction and technological parameters of the equipment used in the device is to be considered. So it is always possible to evaluate the necessity of the plant modernization, for instance, when combining the solar water heating plant with a thermal pump, wind power station or when an extended battery is put into the scheme. The results of such theoretical investigation allow define the criteria of optimality evaluating the running conditions and the work of the solar water heating plants regulating bodies as well as to define the required economic characteristics of the object.

The structural scheme of the investigated solar water heating plant consists of four contours. (fig. 1). The first solar water heating plant contour includes a group of 33 solar collectors (1) of CS-32 type, circulating pump (5) and heat exchanger (2) of M6-FG type and is filled up with nonfreezing coolant in Primorskiy Kray. The maximum temperature of the coolant in the primary circuit 105 ° C.

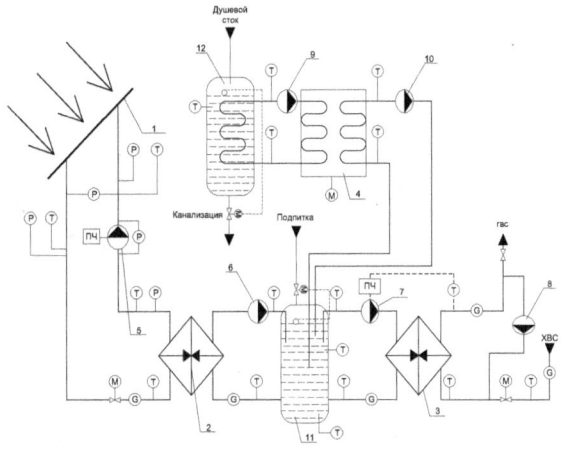

Figure 1. Structural scheme of the investigated SWHP.

The second contour is intended for heating water in the accumulator boxes (11) through the heat exchanger of the first contour.
The third contour is intended for supplying coolant (water) from the upper level of the accumulator boxes to the plate type heat exchanger for heating cold water from the water supplying system up to 60° C.

Flowmeters, transducers of the circulating water temperature and pressure as well as the devices for regulating the rotation speed of the circulation pumps which allow study the effectiveness of the object regulation system have been established at each contour.

When creating the dynamic model the solar water heating plant system is tentatively divided into basic elements (contours) which include a solar collector

(1), a storage tank (12), a heat exchanger (2,3), a thermal pump, an accumulator box, a mixing tank.

Equations for material and thermal balance of each contour are set up against the calculated and experimental data of the solar plant investigated units. Perturbation actions and basic regulated parameters of the plant are determined. Coefficients and time constants are calculated for each unit in view of the steady conditions and potential deviations from the parameters. After changing over to the dimensionless quantities the mathematical model of the investigated solar water heating plant includes 12 differential equations describing the changes of the basic solar water heating plant parameters. The mathematical model of each unit and of the whole plant is calculated against a special computer program which allow evaluate technical and energetic characteristics for different SWHP operating regimes in view of the internal and external perturbations.

Conclusions:
1. Studies directed at the development of a model solar water heating installation with a reversible heat pump, adapted to the harsh climatic conditions of the Russian Far East.
2. The examined method of the mathematical model solution of the operating SWHP equipped with the modern devices of automation and parameters monitoring allows adequately determine dynamic characteristics of the plant.
  2. The results of the SWHP mathematical modeling are used for choosing the most effective option of the SWHP modernization equipped with thermal pump and with the extended thermal batteries taking into consideration different conditions of the plant running and changes of a customer's requirements.

References:

1. Научно-прикладной справочник по климату СССР. Серия 3, части 1 – 6, выпуск 26. Приморский край. Приморское территориальное управление по гидрометеорологии, 1988. 417 с.
2. Gravity systems worldwide: a question of quality and aesthetics// Sun & Wind Energy, №1, 2006. 64 p.
3. Annual Energy Review 2006 / Energy Information Administration, Office of Energy Markets and End Use U.S. Department of Energy, Washington, DC 20585, June 2007, 402p.
4. Seven Tetxlaff China catches up on technology / Sun & Wind Energy, International issue, 3/2007, 62 p.

Шейкин В. В.
канд. фарм. наук, доцент кафедры фармацевтической технологии ГБОУ ВПО СибГМУ Минздрава России, г. Томск
E-mail: tsws@ssmu.ru

Болтрушевич А. В.
студент фармацевтического факультета ГБОУ ВПО СибГМУ Минздрава России, г. Томск

ТЕХНОЛОГИЯ ИММОБИЛИЗАЦИЯ ЛЕКАРСТВЕННОГО СРЕДСТВА НА ТИТАНОВЫХ ИМПЛАНТАТАХ С КАЛЬЦЕФОСФАТНЫМ ПОКРЫТИЕМ

Применение различного рода имплантатов в хирургической практике, в т.ч. в качестве средств, заменяющих традиционные шовные материалы, определяет высокую эффективность лечения различных заболеваний. Вместе с тем, использование изделий подобного типа связано с высоким риском развития осложнений инфекционно-воспалительной этиологии, что предполагает необходимость назначения соответствующих фармакотерапевтических средств [3]. Введение последних в системный кровоток также может сопровождаться негативными последствиями для организма.

Одним из путей решений такой проблемы является иммобилизация лекарственного вещества заданного терапевтического профиля на поверхности имплантата. Это обеспечит возможностью купирования осложнений и локального стимулирования репаративных процессов. Поверхность имплантатов, изготовленных из титанового сплава, обладает очень низкой адгезией. Для устойчивого закрепления лекарственного средства необходимо модифицировать ее структуру. Возможным вариантом такой модификации является формирование плотной оксидной подложки и верхнего основного пористого слоя на основе кальцефосфатных сферолитов, биосовместимых с тканями организма [4]. Пористость таких покрытий составляет 20-30%, что позволяет иммобилизовать на них лекарственное средство. В результате создаются предпосылки для снижения альтерацию тканей и снижения риска инфекционного заражения.

Цель работы – разработка технологических приемов иммобилизации ципрофлоксацина на поверхности титановых имплантатов с кальцефосфатным покрытием.

Работа выполнена за счет средств гранта Президента Российской Федерации № МК-3511.2013.7.

Материалы и методы исследования

Объектами исследования явились модельные титановые пластинки с площадью 1 см^2, массой 0,52 грамма и толщиной слоя кальцефосфатного покрытия: 35, 37,5, 42,5 и 45 мкм и «П-образные» скобки с кальцефосфатным покрытием для инструмента сшивающего «ГЕРА 10», полученным с использованием метода микродугового оксидирования. В качестве лекарственного средства выбран ципрофлоксацин, как препарат, обладающий необходимым терапевтическим эффектом. Количественное определение ципрофлоксацина проводили методом спектрофотометрии в ультрафиолетовой области при длине волны 280±2 нм [1,2].

Экспериментальные исследования

Для грамотного управления технологическим процессом и прогноза получаемых результатов необходимо располагать информацией о конкретных параметрах, определяющих связывание лекарственного средства на поверхности объекта. При этом важно учитывать, что большинство веществ способно иммобилизоваться за счет, адсорбционных сил или за счет образования слабых ковалентных, либо ван-дер-ваальсовых сил. Зачастую адсорбция на пористых поверхностях заключается в объемном заполнении пространства пор и в капиллярной конденсации паров адсорбата. Проводя процесс адсорбции необходимо также учитывать агрегатное состояние вещества, его структуру и комплекс, физических и физико-химических факторов (концентрация, pH, температура и др.).

В нашем случае необходимо было обеспечить обратимый характер связывания ципрофлоксацина в структуре кальцефосфатного покрытия для обеспечения его последующего высвобождения и проявления противомикробного действия. Применение жестких условий адсорбции может негативно сказаться на терапевтическом эффекте, что побуждает использовать щадящий метод жидкостной адсорбции путем погружения пластинок в раствор лекарственного средства.

В качестве факторов, влияющих на процесс адсорбции, использованы: концентрация раствора лекарственного средства, температура, режим нанесения (см. таблицу 1).

Ципрофлоксацин наносили на пластинки по следующей технологи. Точную навеску скобок помещали в раствор лекарственного вещества с нужной концентрацией и температурой, раствор перемешивали в течение 10 минут или вакуумировали в течение 5 минут для удаления воздуха и лучшего смачивания кальцефосфатного покрытия. Испытуемые образцы оставляли для адсорбции на необходимое время, по истечению которого пластинки сушили в потоке воздуха при температуре не более 40^0C до постоянной массы. Готовые пластинки анализировали на содержание ципрофлоксацина в пересчете на массу пластинки.

Результаты измерений представлены в таблице 1.

Таблица 1 – Условия эксперимента и содержание ципрофлоксацина на модельных титановых пластинках

Условия	Содержание ципрофлоксацина, %				
	Толщина покрытия, мкм				
	без покрытия	35	37,5	42,5	45
Концентрация раствора					
1 %	0,0052	0,032	0,037	0,045	0,051
2 %	0,0092	0,069	0,071	0,083	0,099
Температурный режим					
t=5^{0}C	0,0071	0,072	0,077	0,092	0,11
t=20^{0}C	0,0068	0,068	0,070	0,085	0,092
t=40^{0}C	0,0043	0,062	0,063	0,079	0,083
Режим нанесения					
Вакуумирование + 12 ч	0,0086	0,031	0,037	0,042	0,043
Перемешивание + 12 ч	0,013	0,068	0,072	0,083	0,099
Перемешивание + 24 ч	0,012	0,065	0,069	0,078	0,092

Анализ полученных данных показал, что наибольшее влияние на адсорбцию ципрофлоксацина оказывает толщина покрытия и концентрация исходного раствора. Так, при изменении толщины покрытия с 35 до 45 мкм количество вещества, удерживаемого поверхностью пластинки, увеличивается в среднем на 25-30%. В тоже время, варьируя концентрацией исходного раствора, можно контролировать дозу лекарственного вещества, иммобилизованного на модельном объекте. Наиболее оптимальных значений адсорбция достигает при понижении температуры раствора до 5^{0}C с перемешиванием в течение 12 часов.

На следующем этапе исследования отрабатывали технологию нанесения ципрофлоксацина на «П-образные» скобки. Увеличение толщины кальций фосфатного покрытия сопровождается снижением прочности такого покрытия и может приводить к рискам, связанным с более интенсивным повреждением тканей. В связи с этим в эксперименте использовать скобки двух типоразмеров с относительно малой толщиной покрытия: 15 мкм и 19 мкм соответственно. Концентрация исходных растворов наносимого вещества составляла – 2%. Количество ципрофлоксацина пересчитывали в процентах на массу скобки. Результаты измерений представлены в таблице 2.

Таблица 2 – Содержание ципрофлоксацина иммобилизованного в структуре кальцефосфатного покрытия П-образных скобок

Серия № п/п	Содержание ципрофлоксацина на скобке в %	
	толщина покрытия 15 мкм	толщина покрытия 19 мкм
1	0,033±0,006	0,049±0,007
2	0,029±0,003	0,042±0,006
3	0,036±0,006	0,042±0,007
4	0,031±0,005	0,047±0,005
5	0,031±0,004	0,046±0,006

Пересчет содержания лекарственного вещества на скобках с учетом объема их сорбирующего слоя свидетельствует о возможности формирования концентраций в кальций фосфатном покрытии, существенно превышающих соответствующий показатель исходного раствора. Таким образом, предложенные способ и режим иммобилизации ципрофлокцасина на модифицированной поверхности имплантата позволяют создать комплекс, содержащий необходимое для оказания локального действия количество лекарственного вещества.

Выводы:

1. Показана возможность нанесения лекарственных средств на примере ципрофлоксацина в структуру кальцефосфатного покрытия.

2. Адсорбция лекарственного средства в кальцефосфатном покрытие зависит от толщины его слоя, а также от концентрации лекарственного вещества и температуры.

3. Предлагаемая технология позволяет получать имплантанты, сочетающие механическое воздействие различных конструкций на основе биосовместимых материалов с функциями терапевтических транспортных систем, осуществляющих доставку лекарственного вещества в заданную область.

Список литературы:

1. Дорофеев, В.Л. Использование метода УФ-спектрофотомерии для количественного определения лекарственных средств группы фторхинолонов / В.Л. Дорофеев, И.В. Титов, А.П. Арзамасцев // Вестник ВГУ. – 2004. – №2. – С. 205-209.

2. Карлов, П.М. Анализ фторхинолонов в субстанциях, лекарственных формах и биожидкостях / П.М. Карлов, Л.Е. Сипливая // Человек и его здоровье. – 2009. – №1. – С.143-148.

3. Совцов, С.А. Пути снижения послеоперационных гнойно-воспалительных осложнений у больных с высоким операционным риском / С.А. Совцов, Е.В. Прилепина // Бюллетень ВСНЦ СО РАМН. –2011.– № 4. Ч. 2, – С. 173–177.

4. Эволюция структуры и свойств биокомпозита на основе наноструктурного титана и микродуговых кальций-фосфатных покрытий при взаимодействии с биосредой / Е.В. Легостасна, И.А. Хлусов, Ю.П. Шаркеев и тд. // Физическая мезомеханика. – 2006. – спец. выпуск. – С. 205-208.

Нефедов В.В.
кандидат физико-математических наук,
доцент факультета ВМК
МГУ имени М.В.Ломоносова,
vv_nefedov@mail.ru

Филиппычев Д.С.
кандидат физико-математических наук,
старший научный сотрудник факультета ВМК
МГУ имени М.В.Ломоносова,
d.filippychev@mail.ru

О ПРИМЕНЕНИИ МЕТОДА ПОГРАНИЧНОЙ ФУНКЦИИ В ЗАДАЧЕ «ПЛАЗМА-СЛОЙ»

1. Введение.

В работе [1,23] асимптотический метод пограничных функций (далее по тексту - АМПФ) был применен к интегро-дифференциальному уравнению «плазма-слой» [2,803], описывающему поведение потенциала $u(\xi)$ как в основном объеме плазмы, так и в ее узком пристеночном слое.

Здесь безразмерные величины $u(\xi)$ и ξ соответствуют потенциалу и линейной координате. В уравнении «плазма-слой» перед старшей (второй) производной стоит малый параметр μ^2 ($\mu \ll 1$). В пределе при стремлении параметра $\mu \to 0$ уравнение переходит в интегральное уравнение, которое описывает поведение потенциала только в основном объеме. Решение этого уравнения $u_0(\xi)$ было взято за вырожденное решение ($\mu = 0$) АМПФ: в области $\xi \geq 1/2$ $u_0(\xi) = const = u_0(1) \equiv u_1 = 0.40445$ [3,32].

Уравнение, описывающее поведение пограничной функции нулевого порядка (первого члена сингулярной части разложения АМПФ $\Pi_0 u(\zeta)$, в дальнейшем просто «пограничной функции»), было получено в [1,28]:

$$d^2\Pi/d\zeta^2 = c(1 - e^{-\Pi}), \qquad (1)$$

где функция $\Pi = \Pi(\zeta) \equiv \Pi_0 u(\zeta)$, $\mu = 10^{-2}$, $\zeta = (1-\xi)/\mu$, $c = e^{-u_1}$. На пограничную функцию накладываются два дополнительных условия: $\Pi(0) = C_W \equiv u_W - u_1$, где $u_W = u(\xi=1) = 2.9661$ и $\Pi(\zeta \to \infty) \to 0$.

Пограничная функция описывает основное падение потенциала вблизи стенки. Быстрое изменение решения приводит к трудностям численного нахождения $\Pi(\zeta)$, а именно плохо вычисляются градиенты функции, не хватает разрядности для представления чисел. В результате, в процессе вычислений происходит быстрое накопление ошибок вычислений в пошаговых схемах расчетов (например, в схеме «бегущего счета» [1,32]). В связи с этим желательно иметь точное аналитическое выражение, приближенно описывающее поведение пограничной функции.

2. Метод дуального оператора.

Метод дуального оператора (аналог сопряженного оператора линейной теории) для решения нелинейных уравнений был описан в работе [4,336]. С использованием дуального оператора формируются опережающий и запаздывающий пропагаторы (аналоги функции Грина линейной теории) и выводятся уравнения для их определения. Решения этих уравнений используются для построения решения исходной задачи. Краткая схема формализма дуального оператора и довольно подробное описание применения этой схемы к уравнению (1) описаны в [5,77]. Остановимся на уравнении пропагатора:

$$d^2 G/d\zeta^2 - AG = \delta(\zeta - \zeta') \qquad (2)$$

Коэффициент $A = A(\Pi) \equiv (1 - e^{-\Pi})c/\Pi$ является нелинейной функцией Π. Однако, в приближении $A(\Pi) = const$ (2) становится уравнением с постоянным коэффициентом и имеет аналитическое решение, с помощью которого решение уравнения (1) принимает вид:

$$\Pi(\zeta') = \Pi \, dG/d\zeta\big|_{\zeta=0}^{L} - (d\Pi/d\zeta)G\big|_{\zeta=0}^{L}. \qquad (3)$$

Выберем для пропагатора однородные краевые условия первого рода. Тогда выражение (3) упрощается за счет устранения производной $d\Pi/d\zeta$. После замены $\zeta' \Rightarrow \zeta$ и использовании условия $\Pi(L)=0$ выражение еще более упрощается:

$$\Pi(\zeta) = \Pi(0)\left\{\sh\left[\sqrt{A}(L-\zeta)\right]/\sh\left[\sqrt{A}L\right]\right\} \cong \Pi(0)e^{-\sqrt{A}\zeta}. \qquad (4)$$

Это выражение удовлетворяет граничным условиям: $\Pi(\zeta=0) = \Pi(0) = C_W$, $\Pi(\zeta = L = 1/\mu = 100) = 0$. Видно, что формула (4) является приближенным решением рассматриваемой задачи.

Результаты численных расчетов, проведенных по формуле (4) ($A(\zeta=0) = 0.2404$), показали, что на всей длине расчета $0 \leq \zeta \leq 10$ относительные ошибки «полного» решения задачи плазма-слой $\delta_j = 100 \times (u(\zeta_j) - (\Pi_j + u_1))/u(\zeta_j) \leq 12.12\% = \delta_{209}$ укладываются почти в 10 %: $\zeta_{209} = 4.0$; $\zeta_{129} = 2.0, \delta_{129} = 10.41\%$; $\zeta_{305} = 9.0$, $\delta_{305} = 9.96\%$.

3. Заключение.

Используя формализм метода дуального оператора, в работе получено аналитическое решение уравнения пограничной функции (4). Построенное решение удовлетворяет краевым условиям задачи на обеих границах области расчета полной задачи «плазма-слой». Поэтому ее можно считать за приближенное решение рассматриваемой задачи. За использование формулы (4) в качестве пограничной функции говорит следующее:
- отсутствие эффекта накопления ошибок вычислений;

- возможность вычисления значений в «дальней» области источника ($50 \leq \zeta \leq 100$) для вычисления интегралов, которые входят в состав свободного члена уравнения пограничной функции первого порядка;
- возможность использовать пограничную функцию в сумме с вырожденным решением $u_0(\xi) + \Pi(\zeta)$ как хорошее начальное приближение для итерационного процесса нахождения решения в полной задаче «плазма-слой».

Список использованной литературы

1. Филиппычев Д.С. Метод пограничных функций для получения асимптотического решения уравнения плазма-слой // Прикладная математика и информатика (вып. 19). М: МАКС Пресс. 2004. Стр. 21-40.
2. Emmert G.A., Wieland R.M., Mense A.T., Davidson J.N. Electric sheath and presheath in a collisionless, finite ion temperature plasma // Phys. Fluids. 1980. Vol. 23. N 4. P. 803-812.
3. Филиппычев Д.С. Численное моделирование уравнения плазма-слой // Вестн. Моск. ун-та. Сер.15. Вычислительная математика и кибернетика. 2004. № 4. Стр. 32-39.
4. Cacuci D.G., Perez R.B., Protopopescu V. Duals and propagators: A canonical formalism for nonlinear equations // J. Math. Phys. 1988. Vol. 29. N 2. P. 335-361.
5. Филиппычев Д.С. Применение формализма дуального оператора для получения пограничной функции нулевого порядка уравнения плазма-слой // Прикладная математика и информатика (вып. 22). М: МАКС Пресс. 2005. Стр. 76-90.

Alexander Toschev

Industrial Artificial Intelligence, Higher Institute of Information Technologies and Information Systems of Kazan Federal University. sanchis @gmail.com

Max Talanov

PhD, Industrial Artificial Intelligence, Higher Institute of Information Technologies and Information Systems of Kazan Federal University.

max.talanov@gmail.com

COMPUTATIONAL EMOTIONAL THINKING MODEL

Keywords

AI; Machine Cognition; Machine Thinking; Thinking Model; Computational Emotions; Neuromodulation;

Emotional computing system management

We have according to our investigation results there is no ready to use cognitive architecture that take in account neuro-scientific nature of emotional processes in brain. We used Lovheim – "Cube of emotions" [1] as model for objective brain response on emotional stimulus. We created neuromodulator to computing system parameter mapping. We could state that noradrenaline influences overall speed of thinking process, dopamine and serotonin - reward processing and learning[2; 3].

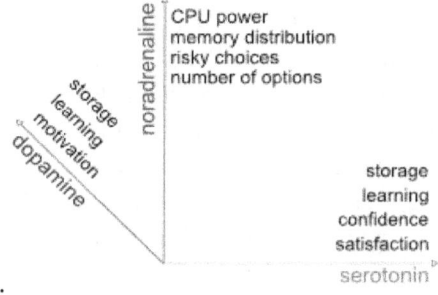

Figure 1. [Computing system parameters mapping].

Generic: CPU power (computing processes distribution or load balancing) is influenced by noradrenaline. **Working memory** distribution is influenced by noradrenaline regulating attention. **Learning** is impacted by serotonin and dopamine: dopamine plays major role in activation of previously remembered patterns and serotonin in pattern generation. **Storage management** (long term memory) is influenced both by serotonin and dopamine, higher concentrations of both neurotransmitters the better action is remembered.

Decision making[4]: Confidence and satisfaction of the system is directly influenced by serotonin. System is more **motivated** under influence of dopamine. System tends to choose **risky actions** under impact of noradrenaline. Noradrenaline makes system use less **number of options** in width and depth to be processed during reasoning. For example: system is in fear state. Dopamine impacts system at half strength. This makes system choose actions highlighted with high rewards (safest). High noradrenaline, in rage state, causes system to think as quickly as possible taking in account as less as possible number of options, implementing first action:"fight or flight" reaction.

Emotions objective and subjective.

Objective brain work is described as neuromodulation process with base of three neuromodulatory systems: Nor-adrenaline, Dopamine, Serotonin.

Subjective emotions perception is described via Plutchik[5, 344-350] approach as main psychological model. We modeled Plutchik feedback loops (appraisal and translation of sensory information into action) in 6 thinking levels described by Marvin Minsky "The emotion machine"[6]: Inbound stimulus is been processed via spinal cord, hypothalamus, amygdala that triggers neuromodulation [3;7]. Neuromodulation triggers the emotional state via neuromodulatory systems: nor-adrenaline, dopamine, serotonin [4; 5]. Instinctive behavior is processed on instinctive reactions layer that usually is not involved in conscious actions. Result of behavior actions is effect state that influences the system again as stimulus. This second stimulus is been apprised on instinctive reactions layer and triggers neuromodulation again. Neuromodulation in it's turn switches emotional state second time. Stimulus cognition actions are done in the emotional state under influence of neuromodulation. Stimulus cognition could involve deliberation, further reflection, sef-reflection self-conscious processing and emotional state switch. Conscious behavior is activated as the result of stimulus cognition.

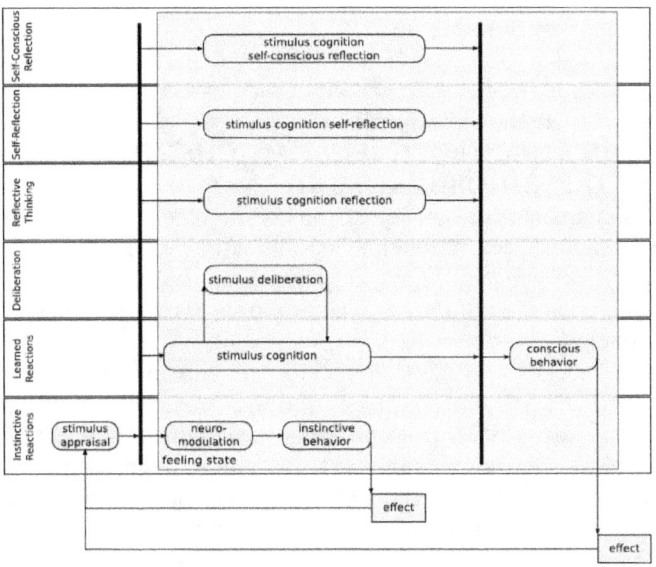

References

1. Lovheim, H. (2012). A new three-dimensional model for emotions and monoamine neurotransmitters. Medical Hypotheses 78, 78, 341-348.
2. Arbib, M., & Fellous, J.-M. (2004). Emotions: from brain to robot. Trends in Cognitive Sciences,8(12), 554-559.
3. Fellous, J.-M. (1999). Neuromodulatory basis of emotion. The Neuroscientist, 5, 283-294.
4. Ahn, H., & Picard, R. W. (2006). Affective cognitive learning and decision making: The role of emotions. In The 18th european meeting on cybernetics and systems research (emcsr 2006).
5. Plutchik, R. (2001). The nature of emotions. American Scientist, 89(4),
6. Minsky, M. (2007). The emotion machine: Commonsense thinking, artificial intelligence, and the future of the human mind. Simon & Schuster.
7. Zeki, S., & Romaya, J. P. (2008). Neural correlates of hate. PLoS ONE, 3(10).
8. Picard, R. W. (2001). Emotions in humans and artifacts. In R. Trappl, P. Petta, & P. S. (Eds.), (chap. What does it mean for a Computer to"Have" Emotions?).

Федюковский А.А.
доцент, кандидат филологических наук,
Санкт-Петербургский университет управления и экономики,
fedyukovsky@mail.ru

К ВОРОСУ ОБ ЭТИМОЛОГИЧЕСКОМ АСПЕКТЕ ТЕРМИНОДИДАКТИКИ

Любая профессиональная среда, в которую попадет выпускник современного ВУЗа, складывалась в течение нескольких столетий. Даже такие относительно новые отрасли, как информационные технологии, маркетинг, связи с общественностью, пользуются терминологией предшествующих поколений.

Рост научно-технических и экономических знаний в наши дни отражается в том, что большинство неологизмов, появляющихся в современных словарях, являются терминами различных областей человеческой деятельности. Терминология – это постоянно изменяющиеся слова разнообразного происхождения. Изучение их этимологии помогает прочному и осознанному овладению профессиональной лексикой, позволяет развивать межпредметные связи практического курса делового иностранного языка не только со специальными дисциплинами, но и с историей и культурой страны изучаемого языка, что способствует общей гуманитаризации преподавания, и, следовательно, совершенствованию языковой, лингвистической и культуроведческой компетенции студентов.

Термином «этимология» традиционно называют раздел языкознания, изучающий происхождение и историю отдельных слов и морфем, и само происхождение и историю слов и морфем [1,396].

Этимология как раздел современной лингвистики ставит перед собой следующие цели:
- Определить источник и время возникновения данного слова;
- Установить первичную мотивацию слова, для чего найти исходное значение слова и производящую основу (этимон), а также словообразовательную модель;
- Выявить причины и особенности изменения первичной семантики и исторического морфемного состава слова.

Еще в двадцатые годы прошлого века отечественный лингвист Г. Поливанов отмечал крайнюю необходимость систематического преподавания этимологий научной терминологии и предлагал уделять особое внимание изучению способов и типов словообразования, объяснению роли типичных для терминообразования корневых морфем и суффиксов [2]. В настоящее время этимологический аспект лингво-методической деятельности преподавателя делового иностранного языка начинает привлекать все большее внимание специалистов [3].

История возникновения даже одного термина часто представляет собой длинный, увлекательный рассказ, в ходе которого преподаватель может ознакомить студентов с далекими страницами истории данной профессии. Например, рассказ о судьбе термина *fee* (гонорар, платеж) наглядно демонстрирует страницы истории товарно-денежных отношений: крупный рогатый скот > движимое имущество > деньги > конкретная выплата за определенные услуги. Рассказ о происхождении термина *bankrupt* дает представление об общественных санкциях к разорившимся дельцам прошлого: разламывание скамейки как места работы неудачливого бизнесмена. Развитие значения *mill* (мельница > фабрика, металлургический завод) – одно из многочисленных лингвистических свидетельств о промышленной революции в Великобритании.

Непосредственным объектом этимологического анализа являются главным образом такие термины, в которых студентам непонятна связь формы и содержания.

В большинстве существующих современных (как правило, интернациональных) терминов их внутренняя форма ясна, так как при первичной номинации определенного феномена термин всегда является мотивированным.

Однако с течением времени по разным причинам мотивация возникновения терминов (многие из которых были ранее общеупотребительными) может быть утеряна, и тогда они начинают функционировать как чисто условные, немотивированные обозначения: *bankrupt* (от итальянского слова со значением «сломанная скамья»), *brand* (от первоначального значения «клеймо, тавро»); *broker* (от французского слова со значением «виноторговец»); *capital* (от латинского слова со значением «голова»); *deadline* (от первоначального значения «запретная полоса»); *fee* (от первоначального значения «бык»); *invoice* (от французского слова со значением «письмо»); *label* (от французского слова со значением «лента»); *manager* (от первоначального значения «работник манежа»); *manufacture* (от первоначального значения «мастерить руками»); *mill* (от первоначального значения «мельница»); *patent* (от французского слова со значением «открытый»); *salary* (от латинского слова со значением «деньги на соль»); *wage* (от первоначального значения «залог») и многие другие. И только анализ происхождения терминологии позволяет восстановить забытую историю подобных слов.

Этимологическому анализу могут быть подвергнуты все термины, словообразовательный анализ которых не дает ответа на то, каково их происхождение.

Во-первых, это - заимствования (например, *bankrupt, broker, capital, invoice, label, patent, salary*). Источники заимствования слов в английский язык многочисленны в силу исторических причин. На протяжении веков Британия вступала в разнообразные контакты со многими странами, подвергалась нашествиям и завоеваниям, а позднее стала «владычицей морей» и метрополией для большого числа колоний. Все это приводило к интенсивным языковым контактам, результатом чего и стал смешанный характер английского лексического состава [4,70].

Во-вторых, это - собственно английские слова, которые деэтимологизировались и изменили свое значение (например, *deadline, mill, wage*), или полностью утратили первоначальное значение (например, *fee, manager, manufacture*).

При этом каждое анализируемое слово рекомендуется сопоставлять с родственными лексемами русского и других иностранных языков.

Неизменный интерес вызывают у студентов задания по изучению этимологических гнезд. Например, задание на поиск этимологической связи между словами: *bank, bench; cap, capital; manuscript, manicure, manager*.

Не требуют собственно этимологического анализа лишь термины, о происхождении которых ясно говорит их словообразовательный анализ. Это - термины с «прозрачной» морфологической структурой, созданные по активно действующим в современном английском языке словообразовательным моделям (*employ, employer, employee, **un**employ**ed**, **un**employ**ment*** и другие).

Проникновение в историю терминологии – процесс не только увлекательный, но и достаточно сложный, т.к. изменение семантики термина и трансформация его фонетической и графической формы часто занимают несколько столетий.

Получить сведения о первоначальном значении слова и его прежнем морфемном строении можно только в специальных этимологических словарях, например, словарь профессора Оксфордского университета Тома Хоада [5]. Подавляющее большинство словарей, в частности терминологические словари, не имеют даже минимальных этимологических комментариев в соответствующих словарных статьях. Этимологическую справку, т.е. информацию о происхождении слова, значении и форме этимона, можно также получить на специализированном сайте www.etymonline.com.

Литература

1. Розенталь Д.Э. Словарь-справочник лингвистических терминов / Д.Э. Розенталь, М.А. Теленкова. - М.: Просвещение, 1985. – 400 с.
2. Поливанов Г. О преподавании терминологии // Леф. 1925. № 3. - С.109-117.
3. Федюковский А.А. Деловая лексика английского языка: этимологический аспект // Вестник ИНЖЭКОНА. Серия «Гуманитарные науки». Вып. 4 (63). 2013. – С.205-208.
4. Елисеева В.В. Лексикология английского языка / В.В. Елисеева. - СПб.: Филологический факультет СПбГУ, 2005. - 80 с.
5. Hoad, Tom (ed.). The Concise Oxford Dictionary of English Etymology. Oxford: Oxford University Press, 1996. – 576 p.

Гузикова В.В.
доцент, кандидат филологических наук
Уральский юридический институт МВД России,
Екатеринбург

ЛИНГВО-СЕМИОТИЧЕСКИЙ АСПЕКТ ЭРГОУРБОНИМОВ г. ЕКАТЕРИНБУРГА

Язык города, рассматриваемый как сложное взаимодействие различных языковых компонентов, является в современной лингвистике предметом фундаментальных исследований. В последнее время особо актуальным является комплексный подход к изучению языка города, представляющий собой контаминацию антропоцентрического и традиционного подходов. Прежде всего, это обусловлено спецификой языка города, который можно рассматривать как совокупность разнородных языковых образований, взаимодействующих друг с другом и образующих сложную единую систему в рамках конкретного города.

Одним из значимых компонентов языка города является урбанонимия, которая объединяет названия внутригородских объектов. Урбанонимия поликомпонентна по структуре и включает: эпиграфику (граффити, наружная реклама), гидронимию (названия водных объектов), астионим (название города), эргонимию (названия деловых объектов), годонимию (названия улиц, районов, площадей, переулков, бульваров), названия остановок общественного транспорта и др.

Принимая во внимание различные точки зрения, можно дать определение урбанониму как названию локально закрепленного городского объекта. В качестве важнейших принципов классификации урбанонимов учёные выделяют: объект номинации, принадлежность к тому или иному языку, стратиграфический (исторический) принцип, морфологословообразовательный и лексико-семантический принципы. Из всего многообразия урбанонимного пространства города особо выделяется эргонимия — совокупность названий деловых объединений людей, в том числе союза, организации, учреждения, корпорации, предприятия, общества, заведения, кружка [1, 54].

Эргоурбоним — название локализованного коммерческого предприятия (торговой фирмы, магазина, кафе, ресторана, салона и т.д.) города. В этом определении объединены признаки эргонима (название делового объединения людей) и урбанонима (названия городского объекта, в котором находится коммерческое предприятие). Эргоурбонимы неоднородны и могут быть названиями различных коммерческих объектов: фирм, магазинов, кафе, ресторанов, баров, салонов, торговых центров и др.

Мы живем в век глобализации – это время, когда жители различных уголков нашей планеты, представители разных культур тесно взаимодействуют друг с другом. Такое взаимодействие происходит на всевозможных уровнях и затрагивает многие области жизни человека – от экономики до культурных и дружеских отношений. Безусловно, такой процесс неизбежным образом ведет к некоторому взаимопроникновению культур друг в друга, а это, в свою очередь, отражается на таком важном компоненте культуры как язык.

В настоящее время во многих языках активно идет процесс проникновения элементов одних языков в другие, результатом которых чаще всего являются лексические заимствования. С точки зрения многих исследователей, именно английский язык поставляет подавляющее большинство такого рода заимствований, так как английский язык считается глобальным, языком международного общения.

Русский язык в значительной степени ощущает на себе влияние этого процесса, поскольку многочисленные заимствования из английского языка, гораздо реже из других языков функционируют в текстах самых разных стилей языкового пространства города.

Анализируя эргоурбонимы г. Екатеринбурга, мы замечаем, что заимствования осуществляются на разных уровнях: на уровне слов и не только. Горожанам все чаще и чаще приходится сталкиваться с названиями баров, магазинов, салонов и торговых центров, имеющие иностранные названия:

– заимствования на уровне словосочетаний и предложений: *Rendez-Vous* (название магазина обуви), *Lady and Gentleman City* (магазин одежды), *Mothercare* (магазин для взрослых и детей), *Old Fashioned bar and cocktails* (бар), *The Art's Grand Club* (название кофейни), *Maximilian's Brauerei* (баварский клубный ресторан), *Be Happy* (фитнес-клуб), *Yes Book (*интернет магазин) и др.;

– замена русской буквы на иностранную: **R**ыба (название ресторана), *Под*z*емка* (главный бар города), *Кекs* (кафе), *Чайкоffский* (название бара), **R**ай (бар) и т.д.;

– заимствование на уровне морфем: *Стардог!s* (российская сеть общественного питания по продаже хот-догов). Здесь к русскому корню присоединяется английское окончание –s, обозначающее множественное число существительных. К тому же, в данном названии наблюдается вставка неязыкового элемента в виде пунктуационного элемента, называемого восклицательным знаком.

Как известно, такие слова, сочетающие в себе графические элементы, как родного языка, так и иностранного языка были названы графодериватами (гр. grapho – пишу, лат. derivatus – отведенный). Нужно отметить, что термин графодеривация стал использоваться исследователями языка совсем недавно. В научной литературе были рассмотрены некоторые случаи, когда одно слово содержало элементы русской и английской знаковых систем, однако данное явление относили к разряду частных случаев языковой игры.

Языковая игра – это, безусловно, отклонение от языковых норм, предпринятое преднамеренно, целью которого выступает, прежде всего, привлечение внимания горожанина, усиление экспрессивности текста, с которым сталкивается человек на улицах современного мегаполиса. Это стоит того, прибегая к языковой игре, автор стремится «развлечь себя и собеседника, а для того выразиться необычно» (Е. А. Земская) [2]. Иначе, языковая игра– это обращение внимания при создании высказывания на саму форму речи с целью не просто сообщить что-либо, а вызвать то или иное эстетическое чувство, это использование тропических, фигуральных возможностей языка.

На рубеже XX-XXI вв. страницы газет, журналов, рекламных изданий, а также эргоурбонимов крупных городов наводнили слова-гибриды. Они создаются, как уже было сказано выше, с использованием средств семиотических систем как языковой, так и неязыковой природы: кириллицы и латиницы, букв и цифр, букв и компьютерных знаков, букв и разных способов их выделения.

На улицах современного г. Екатеринбурга человек встречается с целым арсеналом различного рода названий организаций, фирм, клубов и т.д. Такие названия могут быть переданы:

– кириллицей, например, *Бэст Вояж (*турфирма), *Вуаля!* (салон красоты), *Глобал Холидей* (турфирма), *Лас-Книгас* (книжный супермаркет), *Йогалактика* (фитнес-клуб);

– латиницей, примером служат эргоурбонимы типа *Grimerka* (салон красоты), *VetraNet* (магазин верхней одежды), *Fazenda* (ресторан), *Obuv.com* (сеть магазинов стильной обуви, сумок, аксессуаров), *The Perchik* (семейный ресторан), *PROSTO* (салон красоты*)* и др.;

– буквами и цифрами, как *7-я* (детский центр развития), *180° градусов* (салон красоты), *17 Club* (бар), *F1 Club* (бар), ВЦ – 7 (компьютерный магазин);

– буквами и компьютерными знаками, например: *Детск@я компьютерн@я школ@ №1*, *Toni & Guy* (парикмахерский салон), *Столы & Стулья* (мебельный магазин), под.;

– разными способами выделения букв, к примеру: *Sunflowers* (салон цветов), где вместо буквы О изображен подсолнух; *Диверсант* (оружейный бутик), вместо буквы Р выделено изображение револьвера; *Будем!* (алкомаркет), в названии которого вместо буквы У показана рюмка; *РУБАШКА (магазин мужской одежды)*, вместо буквы У изображен ворот рубашки с галстуком, *NORD24.RU* (интернет-магазин сети магазинов «Норд»), в названии вместо буквы О изображен смайлик и т.д.

При создании подобных дериватов могут применяться и иные параграфемные средства, в частности расположение слова внутри текста, вертикальное или горизонтальное прочтение последнего. Исследователь данной проблемы Т.В. Попова приводит следующие примеры: название фирмы РТИ прочитывается по вертикали, а фирмы МТС – обыгрывается внутри строки:

Резиновые
Технические
Инструменты.
Мобильные **Т**еле**С**истемы
Моя **Т**елефонная **С**вязь
Моя **Т**елефонная **С**еть
Mobile TeleSystems. [3, 281]

Можно и дальше дополнить перечень названий такого рода, например: S*door*ov (фирма по установке стальных дверей), название включает английское слово *door*, обозначающее 'дверь'; *Na***ХОД**ка (сеть магазинов обуви), данное название включает слово "ход", которое связано с ношением обуви и др.

Иногда названия эргоурбонимов содержат, например:
– использование цифр вместо слов в таких названиях нашего города, как *Amore 4 men* (салон расслабляющего массажа для мужчин), *4 you too* (книжный магазин), *Wear 2 Work. ru* (мужская деловая одежда);
– наличие в названиях предприятий города апострофа, например: *Листо'ОК* (садоводческий магазин), *Малыш'ОК* (семейный центр), *О'КЕЙ* (торговый центр), *O'STIN* (магазин мужской, женской и детской одежды) и т.д.;
– использование выделенной заглавной буквы в названии эргоурбонимов: *БегемотиК°* (сеть магазинов игрушек), *ТекстилЬ* (магазин постельного белья), *AmbiZia* (салон красоты), *СалончиК* (студия-парихмахерская), *БудуАр* (салон красоты) и др.;
– наличие элементов старославянского языка, например: *Уральский цирюльникъ* (салон красоты), *Тихвинъ* (бар), *Персона Клубъ* (салон красоты), *Троекуровъ* (ресторан) и под.;
– использование рифмы в названии предприятия города, типа: *Муси-Пуси* (детский магазин), *Тесто-Песто* (бар), *Ручки-ножки* (салон красоты) и др.

Таким образом, анализируя результаты проведенного исследования, можно сделать вывод о том, что на территории города Екатеринбурга в большинстве своем преобладают названия, состоящие из слов, взятых из русского языка. Большинство слов в современный период истории были заимствованы из других языков. Часть названий состоит из сложносоставных искусственно созданных слов. В этом случае речь идет о заимствованиях из современных европейских языков. Некоторые слова, в том числе и реалии, русского языка были транслитерированы латиницей. Часть слов иностранного происхождения транслитерированы кириллицей. Словообразовательный анализ эргоурбонимов показал, что в большинстве случаев ЭУ образованы лексико-семантическим и специфическим способами. Однако наблюдается тенденция к специфическому словообразованию (стилизация, грамматический каламбур, инициализация, сегментация, нумерализация, эллиптирование), когда задействованы экспрессивные словообразовательные средства, нацеленные на языковую игру, каламбур. Использование нового словообразовательного инструментария обусловлено прагматичным стремлением автора сделать уникальным название, эффектным и в силу этого эффективным, соответствующим рекламным целям. Очень большое внимание номинаторы стали уделять графическому облику названия (употребление Ъ и Ь на конце слова, прописные и строчные буквы, латиница, употребление символов & и т.п.) для привлечения внимания и рекламных целей.

Литература

1. Подольская Н. В. Словарь русской ономастической терминологии / Н.В. Подольская. – М., 1988. – С.54.
2. Земская Е.А. Об активных процессах словообразования / Е.А. Земская // www.slovo.isu.ru
3. Попова Т.В. Графодериват: слово или текст? / Сборник Русский язык: Человек. Культура. Коммуникация // Материалы Международной научной конференции, 30 ноября 2007 г., Уральский государственный университет – УПИ (г. Екатеринбург). – С.281.

Лапухина М.А.
аспирант, Астраханский государственный университет, 414056, Россия, г. Астрахань, ул. Татищева, 20а
e-mail: *lapukhina88@yandex.ru*

СЕМАНТИКО-СТИЛИСТИЧЕСКИЕ ОСОБЕННОСТИ ФРАЗЕОНОМИНАЦИЙ В ТЕЛЕ- И РАДИОДИСКУРСЕ

Средства массовой коммуникации – важнейший фактор создания информационного пространства, оказывающий непосредственное влияние на формирование и развитие личности. Телевидение и радиовещание играют одну из главных ролей в становлении мировоззрения и мировосприятия человека не только как члена социального коллектива, но и как представителя конкретного гражданского общества, государства.

Во многом влияние радио и телевидения реализуется через набор языковых средств, используемых в эфире, который во многом зависит от жанровых и целевых установок, тематики той или иной программы. Программы, транслируемые телерадиокомпаниями, могут и должны являться не только источником информации и развлечения, но и средством эстетического и интеллектуального развития. Влияние на данные сферы личности может оказывать не только содержание программы, но и ее название, особенно если в качестве названия использованы устойчивые языковые конструкции, в частности – фраземы.

Под фразеономинацией мы понимаем как процесс использования языковых единиц косвенно-производной семантики в качестве названий (заголовков) теле- и радиопрограмм, так и сами названия рассматриваемых программ.

При выявлении и описании семантико-стилистических особенностей фразеономинаций в теле- и радиодискурсе мы будем пользоваться определением дискурса, предложенным Н.Д. Арутюновой. Под дискурсом понимают «связанный текст в совокупности с экстралингвистическими факторами (прагматическими, социокультурными, психологическими и др.); текст, взятый в событийном аспекте; речь, рассматриваемую как целенаправленное социальное действие, как компонент, участвующий во взаимодействии и механизмах их создания (когнитивных процессах)» [2,136]. Качества ценностно-смыслового характера у предметов номинации, несомненно, зарождаются в системе культурной коммуникации.

В рассматриваемом дискурсе ценностно-смысловыми качествами обладает не само по себе информационное пространство теле-, радиокоммуникации, а соответствующие дискурсивные контексты. Таким образом, фраземы, употребляемые в качестве названий теле-, радиопередач, являются примерами связи современного «медийного» сознания с этноконцептуальным пространством живого русского языка.

Дискурс является центральным моментом человеческой жизни «в языке», того, что Б.М. Гаспаров называет языковым существованием: «Всякий акт употребления языка – будь то произведение высокой ценности или мимолетная реплика в диалоге – представляет собой частицу непрерывно движущегося потока человеческого опыта» [3,10]. Этот опыт органически включает этнокультурные модели поведения, которые реализуются осознанно и бессознательно, находят многообразное выражение в речи и кристаллизуются в значении и внутренней форме содержательных единиц языка.

Дискурсивное пространство радио и телевидения, несомненно, находится в тесном «взаимодействии с системой языка: язык перетекает в дискурс, дискурс – обратно в язык» [3, 8]. Установка на живую речевую стихию языкового сообщества, стремление деятелей радио и телевидения удовлетворить разнообразные речевые вкусы аудитории становятся реальностью благодаря способности современного дискурса радио и телевидения оперативно реагировать на когнитивно-коммуникативные запросы времени. Так, программа **«Из грязи в князи»** репрезентирует современное понимание низкого и высоко социального положения, диктуемого ценностями современного общества. То же можно отнести и к названию передачи **«Грязная работенка»**: грязная она по меркам современного постиндустриального общества. В названии программы **«Смех без правил»** на первое место выходит компонент *без правил*, который акцентирует отсутствие цензуры, являющееся результатом демократизации общественной жизни и сознания. Ознакомившись с названием программы, даже не имеющий представления о ее содержании слушатель получает определенные культурно-этические и лингвистические установки: он на подсознательном уровне готов увидеть и услышать то, что ему предлагают.

Фразеономинация как результат когнитивно-дискурсивной деятельности приобретает особую стилистическую значимость, совмещая в своей семантике универсальные и идиоэтнические обобщения действительности. Семантико-стилистическая специфика современного телерадиодискурса заключается в многообразии тематики и назначения текстов современной публицистики. Жанровое и стилевое своеобразие текстов радио и телевидения заключается в использовании тематически и стилистически разнородных средств языка, сочетании языковых особенностей разных стилей.

Согласно материалам нашего исследования, в качестве названий теле- и радиопередач используются фраземы, различные по своей стилевой принадлежности. Так фразеономинации *за семью печатями, нить Ариадны, партитуры не горят, плоды просвещения, от первого лица* и пр. являются примерами книжных фразем, приметами публицистического и научно-популярного стилей.

Фразема *нить Ариадны* сохраняет тесную связь с дискурсивным пространством мифологии – 'мысль, способ и т.п., помогающие разобраться в сложной обстановке, выйти из затруднительного положения'. Выражение пришло из греческого мифа о Тесее. Афинский герой смог одержать победу над Минотавром и остаться в живых благодаря дочери критского царя Миноса Ариадне, которая подарила Тесею меч и клубок ниток, с помощью которого он выбрался из лабиринта.

В дискурсивном поле одноименной программы (СГУ) под влиянием содержательного плана в первую очередь репрезентируются концепты «Выход из сложной ситуации» и «Знание», находящиеся в периферийном слое структуры концепта. Содержание программы **«Нить Ариадны»** не связано напрямую с мифологией, она адресуется школьникам старших классов и студентам, посвящена рассмотрению сложных задач и упражнений школьного курса. Только человек с развитым ассоциативным мышлением может воспринять тонкие грани значения устойчивого сочетания слов, помещенного в дискурс одноименной телевизионной программы.

Название программы **«За семью печатями»** (КУЛЬТУРА), является примером классической фразеономинации, сохранившей связь с генетическим дискурсивным полем обрядов и обычаев. *За семью печатями* –'о чем-л., тщательно скрываемом, надежно утаиваемом от окружающих, непосвященных'. Издавна для большей надежности важные документы, письма, тайники опечатывались несколькими печатями, что в массовом сознании создавало иллюзии большей защищенности, но в то же время и большей заинтересованности: что скрыто от широкого обозрения и так тщательно оберегается, непременно представлялось интересным. Концепт «Тайна» в дискурсе современного телевидения играет важную роль привлечения зрительской аудитории, название программы как бы приглашает обычных зрителей прикоснуться к чему-то очень важному, секретному.

Название программы **«Партитуры не горят»** (КУЛЬТУРА) представляет собой пример структурно-семантической трансформации фраземы книжного характера *рукописи не горят* –'сохранение во времени истинных ценностей'. Данная фразема является цитатой из произведения М.С. Булгакова «Мастер и Маргарита»: в контексте речь идет непосредственно о рукописном тексте романа Мастера. В контексте же телепрограммы – о мировых музыкальных шедеврах. Попав в авторскую семантико-стилистическую систему, фразема подвергаются модификации в процессе актуализации взаимодействия языковых, когнитивных и культурных смыслов.

Фразема *персона грата* (*persona grata*) — 'персона, пользующаяся доверием', использующаяся как стержневой элемент в названиях таких программ, как **«Персона грата»** (Радио России) и **«About Persona Grata»** (Первое израильское радио), по своей стилевой окраске относится к официально-деловому стилю.

Филологические науки

Данная фразема заимствована из латинского языка, генетическим дискурсом для нее выступает дипломатический дискурс: Венская конвенция о дипломатических сношениях 1961 года (1) в 9 статье указывает, что принимающее государство может «в любое время и без необходимости объяснения причины» объявить любого члена дипломатического корпуса «персоной нон грата» даже до того, как этот человек прибыл в страну. Обычно лицо, объявленное «персоной нон грата», должно покинуть страну, в противном случае государство «может отказаться признавать это лицо членом дипломатической миссии».

Содержание рассматриваемых программ, реализующееся в жанрах интервью и беседы, полностью соответствует их фразеономинациям. Гостями радиоведущих являются известные общественные деятели, политики, представители культурной интеллигенции, отвечающие на вопросы ведущих, комментирующие социально значимые новости и события.

К разговорному стилю речи можно отнести такие фразеономинации как *без дураков, из грязи в князи, галопом по Европам, как курица лапой, ни пуха ни пера, мир в твоей тарелке* и пр. Хочется отметить, что количество разговорных фразеономинаций превышает число фразем, принадлежащих к другим стилям речи, что непосредственно связано с целями и задачами современного теле- и радиовещания. Тенденция развития отечественного радио и телевидения заключается в сокращении доли государственного и общественного вещания, растет число коммерческих теле- и радиоструктур, увеличивается процент программ развлекательной направленности, с каждым годом все более заметным становится фактическое отсутствие цензуры.

Проанализируем название программы **«Грязная работенка»** (ДИСКАВЕРИ). Устойчивое выражение, лежащее в основе названия, отсылает нас к таким фразем, как *вытаскивать из грязи –* 'избавлять от нищенских условий существования, бедности, нищеты', *рыться в грязном белье –*'проявлять излишний интерес к теневым сторонам чей-л. личной жизни или к неприглядным, скандальным подробностям чей-л. деятельности', *месить грязь –*'идти по грязной дороге', *не ударить в грязь лицом –* 'не оплошать, не осрамиться, выполнив что-л. наилучшим образом' и к другим фраземам, включающим в свой состав структурный компонент *грязь*, сохраняющий семантику чего-л. неприятного, нечистого.

Абсолютно к другому типу дискурсивного пространства можно отнести фразеономинацию *из грязи в князи* («Из грязи в князи», ДИСКАВЕРИ), фразема *из грязи в князи –*' резкое улучшение социального положения, значительное повышение в должности, карьерный рост' – связана, скорее, с дискурсивным пространством русского фольклора, чем объясняется ее широкая известность и употребительность во всех слоях общества. Интересно, что в дискурсивном поле одноименной программы рассматриваемая фразема репрезентирует концепт «Личность», хотя степень отрицательных коннотаций превалирует над положительными.

«Как курица лапой» (Радио Россия) – оригинальный радиоспектакль, в котором принимают участие два постоянных главных персонажа: ничего не знающая, но изобретательная и находчивая Курица Пеструха и профессор околосказочных наук, библиофилус Букашкин – маленький человечек, живущий в библиотеке, знающий все про всё на свете. Из содержания программы видно, что яркая и образная разговорная фразема *как курица лапой* не реализует своего кодифицированного значения – 'о чьем-либо неразборчивом почерке, неаккуратном письме'. Исходный образ сравнения в генетическом дискурсе – ассоциации с замысловатыми следами курицы. В программе акцентируется незнание курицы, как нехватка жизненного опыта. Таким образом, исходная фразема, сохраняя основной элемент значения, получает в результате семантической трансформации положительную коннотацию.

Проанализировав некоторые семантико-стилистические особенности фразеономинаций теле- и радиодискурса, можно сделать вывод о стилистической разноплановости современного радио и телевидения.

Использование фразем различной стилевой окраски позволяет авторам и ведущим программ не только создать лингвистический образ программы, но и привлечь внимание зрительской аудитории. От коммуникативной ситуации и установок ведущего/автора передачи и слушателей зависят содержание и семиотическая функция телерадиодискурса. «От установок автора как адресанта и способности слушателя как адресата интерпретировать текст зависят основные семиотические характеристики, как на структурном, так и на семантическом уровне, что предопределяется взаимосвязью физического и культурного мира» [4,111]. А потому можно утверждать, что в названиях теле- и радиопередач актуализируются и пропагандируются ценностные ориентации современного общества.

Литература

1. Алефиренко Н. Ф. Ценностно-смысловая природа языкового знания [Текст] / Н. Ф. Алефиренко // Языковая личность: проблемы когниции и коммуникации. – Волгоград: Перемена, 2001. – С.3–11
2. Арутюнова Н. Д. Метафора и дискурс [Текст] / Н. Д. Арутюнова // Теория метафоры : сборник . – М., 1990. – С. 5–32.
3. Гаспаров Б. М. Язык, память, образ. Лингвистика языкового существования [Текст] / Б. М. Гаспаров. – М. : Новое литературное обозрение, 1996. – 352 с.
4. Золотых Л.Г. Смысловая реализация фразеологической единицы в художественном дискурсе// Вестник самарского государственного университета. –2006. –№5/1(45). – С.111 -115.

Субботенко С.С.
кандидат филологических наук
Курский государственный университет

ПЕРЕДАЧА РАЗГОВОРНОГО СТИЛЯ ПОЭЗИИ В.С. ВЫСОЦКОГО В ПЕРЕВОДАХ НА НЕМЕЦКИЙ ЯЗЫК (НА МАТЕРИАЛЕ СТИХОТВОРЕНИЯ «МИЛИЦЕЙСКИЙ ПРОТОКОЛ»)

Авторская песня в СССР и затем в России стала своего рода продолжателем устных традиций в русской поэзии. Это нашло выражение в проговаривании стихов под аккомпанемент, приближении исполнителя к слушателю путем создания иллюзии непосредственного обращения, диалога с ним, простых, понятных текстах [1]. Все это как нельзя лучше отразилось в творчестве В.С. Высоцкого, ставшим одним из самых ярких явлений вторых половины 20-го века и до сих пор не утратившим популярности в России. Эта популярность не могла не вызвать интерес к поэзии Высоцкого и в западных странах. В Германии, США, Польше выходили сборники стихов Высоцкого с подстрочными и поэтическими переводами, нотами, материалами и жизни и творчестве поэта. В этой связи закономерно возникает вопрос: насколько понятны песни (стихи) Высоцкого читателям и слушателям из других стран? Если даже не говорить о яркой самобытности манеры авторского исполнения, высокая степень метафоричности, черты разговорного стиля, наконец, отражаемая в стихах специфика общественно-культурной обстановки в СССР того времени – не делает ли все это поэзию Высоцкого непереводимой? Тем не менее, попыток перевода произведений Высоцкого было немало. Зачастую это просто подстрочники, не передающие ни рифму, ни ритм оригинала. Существуют, однако, и вполне успешные переводы, к которым, в частности следует переводы на немецкий язык Р. Эндерта (R. Ändert).

Одна из основных сложностей связана с различием статуса и основных признаков разговорной речи в немецком и русском языках. В научной литературе рассматривается разговорный тип русского письменно-литературного языка, сложившийся в пределах художественной литературы и отражающий наряду с устно-разговорной разновидностью и просторечно-жаргонные, и профессиональные, и диалектные элементы; разграничиваются понятия «разговорная речь» и «литературная разговорная речь»; указывается на наличие как минимум двух регистров разговорной речи, которыми владеет носитель литературного языка: а) разговорная литературная речь, б) обыденная разговорная речь, причём разговорная литературная речь допускает наличие вкраплений экспрессивного просторечия. Сложность определения статуса немецкой разговорной речи обусловливается спецификой языковой ситуации в Германии, для которой характерно широкое функционирование разных диалектов [2, 6-7].

Рассмотрим средства создания разговорного стиля в стихотворении «Милицейский протокол». Прежде всего, необходимо подчеркнуть, что анализируемое стихотворение представляет собой диалог в монологе, отсюда все признаки диалогической речи: обращения, императивные конструкции, междометия. Помимо этого переводчику для сохранения разговорного стиля приходится решать следующие задачи:

1) Отступления от грамматической нормы.

В стихотворении созданию нарочито неправильной речи персонажа служат ошибочные словоформы, подобная неправильность часто характерна для разговорной устной речи в русском языке: *не содят, человеков, в скверу*. Несмотря на флективность языка перевода невозможно передать подобные грамматические ошибки при помощи окончаний, так как выбор немецких окончаний гораздо уже. Поэтому переводчик вынужден прибегнуть к традиционным средствам создания разговорности в немецком языке. В первую очередь, это редуцированные формы: *was'n, stimmt's, du kannst's*. Разумеется, этого недостаточно, чтобы компенсировать потери при переводе, поскольку подобные редукции возможны и в устной речи образованных людей в Германии. Таким образом, яркая характеристика речи героя, как малограмотного человека, утрачивается. А это влечет за собой потерю определенной дозы иронии, строящейся на контрастах (например, герой вдруг начинает употреблять слова, более характерные для научного стиля: *осознание, просветление*; или высокопарную лексику: *карайте*).

2) Образная лексика разговорного характера – метафоры, фразеологические выражения. В плане передачи образных выражений разговорного характера переводчик имеет более широкие возможности. При переводе он подбирает близкие по значению эквиваленты: *дошел до точки - ist kein Film mehr da* (букв. «пленка кончилась»), *но это были еще цветочки - Ein zarter Anfang, um den Zahn zu baden*. Целесообразным следует признать и использование образности при переводе там, где в оригинале она отсутствует или не так ярко выражена. Например, перефразированное предложение ... *dass der Bebrillte jetzt im Dunkeln steht* (в оригинале: ... *а что очки товарищу разбили*). Благодаря этому восстанавливается отчасти утраченная ироничность, о которой говорилось выше.

3) Просторечные слова и жаргонизмы, свойственные определенным социальным группам: *с устатку, коляска, заначил, рыло*. Зачастую такие слова и выражения не поддаются прямому переводу. Но возможны и исключения, когда в языке перевода находится близкий эквивалент. Так, слово «*коляска*» употребляется в стихотворении в значении «милицейский патруль», подъехавший на мотоцикле. Переводчик использует жаргонизм

"die *grüne Minna*", что означает автомобиль для перевозки арестантов. Просторечное выражение «с устатку», переводится глаголом *sich abrackern* (мучиться) в форме причастия. Глагол тоже относится к разговорному пласту немецкой лексики, поэтому можно говорить о равноценной замене. Одновременно переводчик прибегает к использованию разговорной лексики, чтобы компенсировать потери. Так, слово «*рыло*» в переводе опускается, но используются слова "*beschwatzen*" – разговорный вариант глагола «*уговорить*», существительное с оттенком фамильярности "*die Pulle*" – в значении «*бутылка*», что, несомненно, является удачным выходом при решении подобного рода переводческих задач. В тоже время в переводе имеются моменты, где слово оригинала было понято и передано неправильно. Так, глагол «*заначить*», имеющий семантику «спрятать, приберечь» переводится глаголом *verpassen – упустить*. То есть, налицо явное искажение оригинала, в переводе значение строчки «*я рупь заначил*» меняется на полностью противоположное. Несколько иная ситуация наблюдается с переводом глагола «сажать», ср.:

Приятно все-таки, что нас здесь уважают:
Гляди - подвозят, гляди - сажают!

В оригинале снова присутствует ирония, основанная на второстепенном, разговорном значения глагола «*сажать*» - лишать свободы. Переводчик, очевидно, не сталкивался с этой семантикой слова, поэтому использованный им в переводе вариант "*hilft uns auf die Stühle*" не может быть признан точным.

4) Разговорные модификации имен собственных: *Серега, Медведки*. Вопрос о передаче имен собственных является весьма многогранным, даже когда речь не идет о художественном произведении. А при переводе художественного произведения, где имена собственные несут не столько информационную, сколько коммуникативную нагрузку, проблема становится подчас неразрешимой. В анализируемом произведении автор преимущественно использует модификацию имени «*Сергей*», принятую только между очень близкими друзьями – «*Серега*». Эта форма принципиально отличается от формы «*Сережа*», которая может употребляться, конечно, не в официальном общении, но, во всяком случае, просто между знакомыми, людьми одного возраста, при обращении старшего к младшему, даже если отношения не являются очень близкими. Однако такая разница понятна только носителю русского языка, иностранному читателю разные модификации имени ничего не скажут. Поэтому выбор переводчиком варианта *Serjosha*, просто как более распространенного и нейтрального в русском языке, можно признать адекватным, достаточно того, что подчеркивается неофициальность общения. Та же ситуация складывается с названием района Москвы Медведково. Используемая В.С. Высоцким разговорная форма «*Медведки*» не представляет для немецкого читателя никакой ценности в плане

эмоциональной информации. Поэтом переводчик предпочитает оставить официальный вариант в транскрипции *Medwedkowo*. Название Химки опускается. Поскольку немецкоязычному читателю вряд ли о чем-то будут говорить оба эти названия, Р. Эндерт лексически подчеркивает удаленность этих районов: *Muss nach Medwedkowo, er noch dahinter...* Такое решение представляется на наш взгляд вполне целесообразным.

5) Игра слов (*как стекло был, остекленевший; и разошелся, то есть, расходился*) вносит свой вклад в создание разговорного стиля стихотворения. Следует сказать, что в данном случае переводчик вполне успешно справляется с передачей разговорности. Разумеется, не удается сохранить фонетическую составляющую игры слов, однако в лексико-семантическом плане представлены интересные решения. В строчке «как стекло был, остекленевший» накладываются друг на друга два противоположных по значению фразеологизма: *быть трезвым как стеклышко* и *быть остекленевшим, т.е. очень пьяным*. В переводе *Doch klar wie Glas, nur etwas voll indessen* игра слов строится на полисемии существительного *das Glas (стекло и стакан)*, за счет чего тоже создается юмористический оттенок. Что касается передачи игры слов в строчке «*и разошелся и расходился*», которая строится на полисемии глагола «*разойтись*», в переводе представлен следующий вариант:
Geht auseinander, hat er uns beschwatzt,
Beim Auseinandergehen bin ich geplatzt.

Повтор глагола в субстантивированной форме в данном случае не несет той эстетической нагрузки, так как полисемия утрачивается. Но благодаря сочетанию с глаголом *platzen* удается сохранить иронию.

Подводя итог, следует сказать, что основным приемом, позволяющим сохранить разговорный стиль при переводе, в анализируемом стихотворении становится прием компенсации. Не имея возможности буквально передать все способы создания разговорности в русском языке, переводчик использует те, которые создают аналогичный эффект в немецком. Разумеется, значительная доля оттенков утрачивается, потери являются неизбежными. Следует, однако, еще раз подчеркнуть, что в целом перевод Р. Эндерта является одной из самых удачных попыток перевода поэзии В.С. Высоцкого на немецкий язык.

Литература

1) Берндт Катарина МИР ВЫСОЦКОГО: Исследования и материалы. Выпуск II [Электронный ресурс] – Режим доступа: (http://www.wysotsky.com/0006/016.htm)
2) Козлова Л.Н. Лингвистическая характеристика средств разговорности в русской и переводной немецкоязычной прозе Людмилы Улицкой: автореф. дис. ... канд. филол. наук – Калининград, 2010 – 21 с.

УДК 811.134.2

Носкова А.И.
аспирант 3 года обучения,
ассистент кафедры романской филологии
Казанский (Приволжский) федеральный университет

ФОРМЫ ПРИВЕТСТВИЯ И ОБРАЩЕНИЯ КАК ВЫРАЖЕНИЕ ОСОБЕННОСТЕЙ КУЛЬТУРЫ
(на примере вокабуляра представителей стран Латинской Америки)

В современной лингвистике имеет место тенденция к все более широкому подходу исследования речевого общения и речевого поведения. Неизменно растет интерес к проблемам национальной специфики коммуникации. Внимание ученых разных научных направлений (лингвистики, социологии, этнографии, психологии, логики, философии) привлекают как лингвистические, так и экстралингвистические факторы, в частности, семантика общения, типология коммуникативных актов, типология ситуаций общения и реализация в них стереотипных (устойчивых) формул общения.

Среди стереотипных ситуаций общения возможно вычленение таких шаблонных ситуаций, для которых характерна реализация единиц речевого этикета. Под речевым этикетом понимаются «регулирующие правила речевого поведения, система национально-специфических стереотипных, устойчивых формул общения, принятых и предписанных обществом для установления контакта собеседников, поддержания и прерывания контакта в избранной тональности» [1, 5]. Лингвистами выделены и разработаны стереотипные ситуации речевого этикета. В свою очередь, каждая ситуация обслуживается устойчивыми форулами и выражениями. Последние образуют незамкнутый ряд тематических групп единиц речевого этикета, таких, как «Обращение», «Приветствие», «Знакомство», «Прощание», «Извинение» и т.п. В данной работе внимание будет сосредоточено на тематических группах «Обращение» и «Приветствие».

Культура общения и поведения во всех странах мира строится на принципах вежливости и взаимного уважения. Общеизвестно, что культура общения, которой всегда предоставлялось чрезвычайное значение, начинается с приветствия. Приветствие – это неотъемлемая часть общения, а точнее его обязательный зачин. Обращаем ли мы внимание на то, как здороваемся? Первые слова очень важны. Они демонстрируют уровень культуры, вежливости человека и народа в целом, могут многое сказать о чувствах человека, его морали, достоинстве.

Ежедневный ритуал приветствия – это автоматическая фраза, это часть многовекового культурного и морального опыта народа. По своему происхождению приветствие – это сигнал миролюбивости, знак отказа от «нападения», в форме приветствия ощущается приязнь или не приязнь того, кто приветствуется, к тому, с кем приветствуются.

Приветствие является основой основ народной морали – ведь именно от него зависит дальнейший характер взаимоотношений между людьми; это первый камень при построении общения с другим человеком.

Существует много форм, в которых может быть выражено приветствие: слово, взгляд, кивок головой, пожатие руки, поцелуй и т.д. Каждая культура характеризуется своими индивидуальными формами приветствия. Так, например, эскимосы трут друг другу нос, а японцы совершают поклон. В западном обществе наиболее привычным является пожатие руки.

Каждый язык характеризуется наличием и сосуществованием в речи его носителей нескольких вербальных форм приветствия, использование которых будет зависеть от ряда факторов (возраст, пол, социальные отношения и т.д.) и самой коммуникативной ситуации. Важно отметить, что при этом каждая местность отличается своими обычаями и особенностями приветствий. С этой точки зрения большой интерес представляет испанский язык и его национальные варианты. Изучение современного состояния культуры общения и употребления единиц речевого этикета в испанском языке представляется особенно актуальным и важным. Дело в том, что система речевого этикета в целом на базе испанского языка характеризуется особой сложностью: каждый из двух десятков национальных вариантов испанского языка имеет свои, собственные, национальные нормы речевого этикета, проявляющиеся наиболее ярко в реализации формул общения.

Испанский язык принадлежит к наиболее распространенным языкам мира (приблизительно 358 млн. говорящих). [2, 17] Таким образом, вопрос его внешней языковой вариативности заслуживает особого внимания. Как известно, кроме Испании, испанский язык распространен в странах Латинской Америки, где его использует насиление Мексики и большинства государств Центральной Америки (Панама, Коста-Рика, Гватемала, Сальвадор, Гондурас, Никарагуа), Антильских островов (Куба, Пуэрто-Рико, Доминиканская Республика), государств Южной Америки (Боливия, Колумбия, Эквадор, Перу, Венесуэла, Чили) и Риоплатского региона (Аргентина, Уругвай, Парагвай). Естественно, что испанский язык за пределами Испании не идентичен пиренейскому стандарту.

Выход испанского языка за пределы первоначального распространения создал условия для формирования его отдельных разновидностей. В силу различных лингвистических (в частности, языковых контактов в плане диахронии и синхронии) и экстралингвистических (например, культурно-исторических, социальных, социально-политических, временных и психологических) факторов, влияющих на развитие разновидностей испанского языка, их состояние и функциональные системы могут не совпадать; прослеживаются различия, как в качественном, так и в количественном распределении внутриструктурных языковых элементов по сферам их функционального использования. Огромный вклад в разработку языковой вариативности внес академик Г.В. Степанов, создавший, в частности концепцию «национального варианта», под которым им понимаются «такие формы национальной речи, которые не обнаруживают резких структурных расхождений, но, вместе с тем, приобретают автономию, поддерживаемую и осознаваемую в пределах каждой национальной общности». [3, 24]

По словам Г.В. Степанова, возможность варьирования заложена в самой природе языка. Вариативность языка является одним из фундаментальных его свойств, обеспечивающих способность языка служить средством человеческого общения, мышления, выражения и объективизации проявлений действительной жизни. Аналогичной точки зрения придерживался лингвист Э. Косериу, правильно заметивший, что «изменение внутренне присуще самому существованию языка». [4, 12] В свою очередь, вариативность, выходящая за пределы единого языка, превращается в проблему родства отдельных языков, их типологического своеобразия. Трудность изучения языкового варьрования обусловлена сложностями процесса лингвистического изменения.

Некоторые специфические особенности варьирования испанского языка можно рассмотреть с точки зрения идей Э. Косериу о языковой системе и языковой норме. Э. Косериу предлагает разграничивать в языке два типа структур: функциональную структуру или систему и «нормальную», традиционную систему. По его словам, первое представляет собой систему возможностей и координат, понятных данному коллективу, а норма – коллективную реализацию системы.

Для Э. Косериу совпадение нормы с системой (когда система представляет единственную возможность реализации) – есть лишь частный случай взаимодействия функциональной и «нормальной» структуры языка. Обычно система предоставляет серию вариантов для ее реализации.

Применяя термин «система» к конкретному историческому языку (в данном случае к испанскому), понятие «системы» несколько меняется. Э. Косериу отмечает, что «исторический язык может охватывать не только несколько норм, но также и несколько систем». Таким образом, испанский язык – это «архисистема», которая включает в себя несколько функциональных систем. [4, 14] Возможности варьирования в пределах единого языка возникают как за счет собственно языковых средств, так и в связи с разнообразием факторов неязыкового, культурно-исторического характера.

Феномен национально-культурной специфики обнаруживается на всех языковых уровнях испанского языка: фонетическом, грамматическом, лексико-семантическом, фразеологическом и стилистическом. Особенно ярко проявляется он в коммуникативных ситуациях речевого этикета, во фразеологии, в стилистике, на уровне текста.

При рассмотрении национально-культурной специфики коммуникации обычно обращается внимание на ее проявление при сопоставлении разных языков. На наш взгляд, не менее важным является постижение национального своеобразия коммуникации носителей разных национальных вариантов одного и того же языка.

До сих пор не совсем ясно, что следует относить к значимым признакам феномена, именуемого «национальная специфика речевого общения». Данное понятие в научной литературе только начинает разрабатываться, и его определение не обнаруживается приминительно к речевому этикету. Мы находим целесообразным привести трактовку, предложенную испанисткой Н.М. Фирсовой: «Национальная специфика речевого общения – это наличие специфических признаков у языковых единиц речевого этикета, которые могут отражать (эксплицитно или имплицитно) как интерлингвистические (фонетические, лексические, грамматические, стилистические), так и экстралингвистические (социальные, исторические, культурные, психологические, этнические) факты, свойственные носителям испанского языка той или иной национально-культурной общности». [5, 7]

Испанский язык представляет богатейшие возможности для анализа национальной специфики общения, что связано, прежде всего, с его огромной территориальной распространенностью, своеобразием национальных культур его носителей, разнообразием их этнического состава.

ОСОБЕННОСТИ УПОТРЕБЛЕНИЯ МЕСТОИМЕННЫХ ФОРМ

Обращает на себя внимание то обстоятельство, что в Латинской Америке (в целом, либо в отдельных регионах или районах) сохранились и продолжают оставаться активными средства обиходно-разговорной речи или просторечия как некоторые единицы речевого этикета (в первую очередь формы обращения), которые в Испании давно вышли из употребления и в наши дни расцениваются там (с позиции современной пиренейской национальной литературной нормы) как архаичные.

Так, например, в латиноамериканском ареале не только не вышло из обихода, но наоборот получило широкое развитие использование местоименной формы обращения vos.

Любопытно, что в ряде латиноамериканских стран на употребление местоименных форм обращения tú (vos)/usted влияет пол коммуникантов. Так, согласно Р. Соле Иоланда, в Аргентине, Перу и Пуэрто-Рико в разговорно-обиходной речи (обычно в низших стратах общества) в одной и той же коммуникативной ситуации при обращении к лицам мужского пола чаще используется форма usted, а при обращении к лицам женского пола – tú или vos. [5, 36]. Подобный узус наблюдается также в Эквадоре в речи лиц, принадлежащих к средним стратам общества. Например, бабушка может обращаться к своим внукам на usted, а к внучкам на tú; или мать обращается к сыновьям на usted, а отец к ним же на tú (vos). Данная реализация форм – яркий пример отражения в языке феномена мачизмо, одной из морально-этических установок, принятых в ряде стран Латинской Америки, и заключающейся в более высоком социальном ранге латиноамериканского мужчины, чем женщины.

Вообще, в свете изучения межкультурной языковой коммуникации, следует обратить особое внимание на употребление местоименных форм обращения в различных национальных вариантах испанского языка. Наблюдается масса различий. Так, если в последние годы в Испании, в результате демократизации речевого поведения, произошел сдвиг в реализации местоименных форм обращения в плане социальной стратификации (например, в наши дни стало нормой обращение студента к преподавателю – иногда даже почтенного возраста – на tú), то в ряде государств Латинской Америки (например, Перу, Боливия) данных изменений не наблюдается. В этих странах обращение к преподавателю на tú является грубым нарушением этикетной нормы, что может быть причиной конфликтной ситуации.

Интересно, что в Боливии обращение на tú/ usted предопределяется таким фактором, как: состоит человек в браке или нет. Даже к молодому, но женатому мужчине, часто обращение на usted.

В речевом этикете одна из главных ролей принадлежит местоименным формам обращения (МФО), в которых воплощается сложнейший механизм общения (включение и переключение отношений официальности/неофициальности, дистантности/близости (как социальной, так и психологической), равенства/неравенства, ласки (нежности)/гнева (раздражения) и т.д.).

В испанском языке изучение функционирования МФО связано с немалыми трудностями. Последние обусловлены богатой вариативностью их реализации. Для раскрытия механизма варьирования МФО важен учет многообразия причин, вызывающих порождение вариантов и влияющих на их развитие. Вариативность местоименных форм предопределяется, прежде всего, экстралингвистическими факторами, главными из которых выступают следующие: 1) территориальный, 2) временной (исторический) и 3) социальный. Возможно выделение ряда основных типов вариативности МФО. Кратко остановимся на их рассмотрении.

Как известно, пиренейская система МФО представлена оппозицией tú/uted (к одному лицу) и vosotros/ustedes (ко многим лицам). Противопоставление форм (с позиций традиционной литературной нормы) строится на признаке «вежливость». При описании варьирования МФО данная система берется за точку отсчета.

Испанским МФО присуща обширная территориальная вариативность, которую можно расценивать как одну из специфических черт испанского языка. Диапазон территориальной вариативности в реализации МФО различен: возможны колебания от небольшого района (даже местности) в одной испаноязычной стране вплоть до всего панамериканского ареала в целом (как оппозиция пиренейскому). Правда, параллельная пиренейской, панамериканская реализация относится лишь к одной оппозиции МФО, а именно – форме 2-го лица мн. числа vosotros (Испания)/ ustedes (Латинская Америка).

Чрезвычайно высокая степень территориальной вариативности характерна для формы tú, которая вступает в синонимические связи с формами vos и (реже) usted. Данные явления известны под терминами «восео» («voseo») и «устедео» («ustedeo»). Под «voseo» понимается употребление формы vos вместо tú. Под «ustedeo» – usted вместо tú (иногда вместо vos). Кратко остановимся на этих случаях варьирования.

Латиноамериканские лингвисты до сих пор не установили точные границы voseo. На основании изучения специальной литературы по данному вопросу академик Г.В. Степанов пишет следующее: «Voseo широко распространено в Аргентине, Уругвае, в бóльшей части Парагвая, в Центральной Америке (Гватемала, Сальвадор, Гондурас, Никарагуа, бóльшая часть Коста-Рики, в мексиканских штатах Чиапас и Табаско). Соревнование форм vos и tú наблюдается в Чили, в южной и северной частях Перу, в Боливии, в бóльшей части Эквадора, в Колумбии, Венесуэле, во внутренних областях Панамы и на узкой полосе восточной Кубы. [6, 51]

Специальное исследование современной реализации vos в Аргентине (Михеева, 1988) показало, что в этой стране форма vos, практически полностью вытеснив из употребления tú в сфере обиходно-разговорной речи, стала восприниматься носителями данного национального варианта как нормативная. [7, 28]

Весьма любопытно явление диглоссии в речи культурных слоев общества, довольно часто отмечающееся в боливийском национальном варианте. Так, одно и то же лицо в профессиональной деятельности использует при обращении форму tú (хотя и не всегда), а дома, в кругу семьи или близких друзей – vos.

Что касается «ustedeo», то диапазон его распространения значительно ýже. В специальной литературе имеются лишь отдельные замечания об использовании формы usted (usté, vusté, ujté) в качестве контекстуального синонима tú (vos). В частности, данная реализация имеет место в колумбийском департаменте Сантандер, где, по словам Л. Флореса вместо tú всеобще и обычно употребляется usted. [8, 69]. Это явление наблюдается в Боготе в речи лиц, принадлежащих к низшим слоям общества. Форма usted и ее дублетные корреляты функционирует в коммуникативных ситуациях, наиболее характерных, с точкм зрения литературной пиренейской нормы, для tú: при обращении родителей к детям, среди детей, между супругами, близкими родственниками, среди близких друзей. Приведем несколько примеров. [9, 65]

Диалог брата с сестрой (оба маленькие дети):
- ¡*Ujté* me lo dijo pero no cumplió! – Ты мне это сказал и не выполнил![1]
- ¿Yo? No, ... nunca. – Я? Нет, ... никогда. (Колумбия)

Мать обращается к дочери:
- Mijita, ¿*vusté* si está vigilando? – Доченька, ты следишь (охраняешь)?
- Sí, mamita, estoy vigilando. – Да, мамочка, слежу. (Колумбия)

В некоторых латиноамериканских ареалах, соседствующих с США, к примеру, в Пуэрто-Рико, имеет место обширная экспансия tú в сферу реализации usted. Данное явление по аналогии с «voseo» и «ustedeo» можно было бы назвать «tuteo». Этот феномен объясняется влиянием английского местоимения you, лишенного, как известно, иерархического маркера.

Для подтверждения теоретических положений, выдвинутых в данной работе, нами был разработан опросник (cuestionario), направленный на выявление основных форм приветствия и обращения в странах Латинской Америки. Респондентам было предложено заполнить колонки «Приветствие» и «Обращение» соответствующими формами, типичными для их страны. Список лиц, предоставленный в опроснике, был классифицирован по четырем группам:

1) пол и степень знакомства (незнакомый человек противоположного пола, незнакомый человек того же пола, молодой человек/девушка, друг);
2) возраст (человек старшего возраста, ровесник, человек младшего возраста);
3) социальный статус (человек высокого социального положения, человек среднего социального положения, человек низкого социального положения);
4) семейное положение (человек женатый, человек холостой).

На вопросы анкеты ответили представители Аргентины, Венесуэлы, Мексики, Колумбии, Эквадора и Испании в возрасте от 21 до 37 лет. Ниже приводится опросник.

---

[1] Здесь и далее перевод наш. – А. Носкова

Опросник (Cuestionario)

Las formas de dirigirse y saludarse Cuestionario Nacionalidad*: _____ Sexo*: _____ Edad*: _____ *Campos obligatorios para rellenar.		
Lista de personas	**¿Cómo saludarías a …?**	**¿Cómo te dirigirías a …?**
a) una persona desconocida de sexo contrario;	a)	a)
b) una persona desconocida de tu mismo sexo;	b)	b)
c) tu novio/a;	c)	c)
d) tu amigo/a.	d)	d)
a) una persona mayor;	a)	a)
b) una persona de tu edad;	b)	b)
c) una persona menor que tú.	c)	c)
a) una persona que ocupa una posición social más alta que tú;	a)	a)
b) una persona que ocupa una posición igual que tú;	b)	b)
c) una persona que ocupa una posición social más baja que tú.	c)	c)
a) una persona casada;	a)	a)
b) una persona soltera.	b)	b)

    Следует отметить, что при обработке данных, ответы представителей Испании, были взяты нами за основу, за норму, шаблон (на основании вышеизложенных положений об испанском языке как об архиситеме).

    Проанализировав полученные результаты, можно сделать следующие выводы. Во-первых, для всех ответов характерно при обращении наличие формы «Disculpe/disculpa» – «Прошу прощения». В то же время в испанских опросниках с большой частотностью встречается менее литературный эквивалент формы disculpe – «perdone/perdona» – «Извините/извини», а также разговорный вариант привлечения внимания «oiga/oye» – «Послушайте/слушай». Интерес вызывает тот факт, что представители Латинской Америки предпочитают использовать не просто краткую формальную форму, но и более развернутый ее вариант, например: «Disculpe lo molesto», «Disculpe la molestia», «Disculpa te consulto», «Disculpa te hago una consulta» – «Извините за беспокойство». Также, для латиноамеиканских вариантов типично использование слова «Saludos» – «Приветствую» при приветствии, менее характерное для испанского варианта.

Во-вторых, все опросники, заполненные представителями Латинской Америки, характеризуются наличием определенного «типичного» слова или словосочетания для той или иной страны. Так венесуэльцы для привлечения внимания при обращении используют слово «epa», которое можно перевести как «послушай, эй!» (своеобразный эквивалент испанского oye, mira). [10, 204]. Важно отметить, что слово «epa» характерно для речи представителей всех стран Латинской Америки, но лишь в Венесуэле оно используется в качестве приветствия.

Иное слово используется представителями Аргентины – «che», которое можно перевести как «эй! слушай!». Также часто использование конструкции «che, nombre» (эй, имя), например, «Che, Lili» – Эй, Лили[2]. Любопытно нетипичное использование слова «negra» при обращении: «che negra» (обращение к близкому человеку – милый, голубчик).

Для речи мексиканцев характерно наличие слова «guey» и его вариантов (güey, wey, we). Не смотря на то, что этимологически данное слово обозначало «глупый» (от лат. bos, bovis – вол), в мексиканском варианте оно используется для привлечения внимания и обращения к человеку без называния его по имени: «Эй, ты (друг, приятель)! Слушай!». Интересно, что данное слово употребляется при обращении, как к мужскому, так и женскому полу. Еще одной характерной чертой для мексиканской речи является использование сленговых фраз при вопросе «Как дела?» – «¿Qué onda?» и «¿Qué pex?» («Как она (жизнь)?», «Ну, как оно (живется)?»). Довольно часто в речи встречается междометие «hey», которое свидетельствует о влиянии американского языка. Широко представлена парадигма обращений, отличающихся особой, ярковыраженной эмоциональной окраской: querida (дорогая), amor (любовь), mi vida (жизнь моя), corazón de melón (голубчик), amorcito corazón (сердечко моё), compadre (приятель), amiga (подруга).

Для колумбийского национального варианта характерно использование словосочетаний «que más» и «que hubo» в начале фразы и

---

[2] Здесь и далее примеры наши. – А. Носкова

союза «pues», например: «Que más pués, bien o no?» (Ну, как? Все хорошо или нет?), «Que más de tu vida?» (Чего нового в жизни?), «Que más de bueno?» (Чего хорошего?). Кроме того, практически каждая фраза сопровождается тем или иным обращением: compañero, hombre (приятель), compa (усеченная форма от compadre, compañero – дружок, друг-приятель, кореш), parce (усеченная форма от parcero приятель, коллега), chico/a (мальчик), jefe (шеф, начальник), pequeño/a (мелкий), niño/a (ребенок, мелочь). Характерно и использование уменьшительно-ласкательных суффиксов при обращении: amorcito (любименькая), mamasita (мамочка, детка).

Из всех представленных стран со стандартным испанским вариантом наиболее совпадает эквадорский: похожие структуры, отсутствие ярковыраженных, эмоциональноокрашенных типичных слов и словосочетаний. Однако в эквадорском национальном варианте наблюдается описанное нами выше явление voseo. Так, при обращении к другу, эквадорцы чаще используют форму местоименного обращения vos. нежели tú.

Вышеизложенные выводы наглядно демонстрируют межвариантную национально-культурную специфику испанского языка, обусловленную неидентичностью культур испаноязычных народов. Очевидно, что современное состояние и функционирование испанского языка в испаноязычных странах предоставляет большую деятельность для наблюдения и изучения изменений, происходящих в языке.

Литература:

1. *Формановская Н.И.* Русский речевой этикет: лингвистический и методический аспекты. – М.: Русский язык, 1987. – 158 с.
2. The World Almanac and Book of Facts. – New York, 1999. – 250 p.
3. *Степанов Г.В.* К проблеме языкового варьирования: Испанский язык Испании и Латинской Америки. – М.: Едиториал УРСС, 1979. – 324 с.
4. *Coseriu E.* Sistema, norma, habla. – Montevideo, 1953. – 238 p.
5. *Фирсова Н.М.* Испанский речевой этикет: справ. пособие для ин-тов и фак. иностр. яз. – М.: Высш. шк., 1991. – 174 с.
6. *Степанов Г.В.* Испанский язык в странах Латинской Америки. – М.: Изд-во литературы на иностранных языках, 1963. – 312 с.
7. *Михеева Н.Ф.* Местоименные формы обращения в аргентинском национальном варианте испанского языка//Семантика, грамматика и прагматика языковых единиц. – М.: Просвещение, 1984. – 283 с.
8. *Flórez L.* El español hablado en Santander. – Bogotá, 1965. – 179 p.
9. *Alba de Diego V., Sánchez Lobato J.* Tratamiento y juventud en la lengua hablada. Aspectos sociolingüísticos//Biletín de la Real Academia Española, – Madrid, 1980. – T. 60.
10. Испанско-русский словарь. Латинская Америка / под ред. Н.М. Фирсовой. – М.: Русский язык. – Медиа; Дрофа, 2008. – 609 с.

Khubbitdinova N.A.
(the candidate of philological Sciences, senior research worker of the Institute of history, language and literature Ufa scientific center
Russian Academy of Sciences)
narkas08@rambler.ru

FOLK MOTIFS IN TURKISH AND MEDIAEVAL TURKIC LITERATURE URAL-VOLGA REGION

In the XVI-XVII centuries in the Turkish narrative folklore[1] were especially popular genres were considered novel (хикайе) Dastan, which were performed by national improvisers-storytellers – ashikes (ашыки) accompanied by games on the saz. Dastan is the predominantly heroic and heroic fiction epic, Novel or Short story (хикайе) – novelistic or romantic epic. They context is presented in prose, feelings and emotions of the characters – in song parties. They inclusive итo the form of monologues and dialogues in the main text [5, 5].

Distribution of the Dastan's creativity and genre Short story can be traced in the literature of Turkic peoples of Ural-Volga region in the XIII-XVI centuries, when the nomadic and semi-nomadic ancestors of Bashkir tribes began to join to the city culture, written literature.

Really with the adoption of Islam and the desire to unite the Nations under a single Muslim flag the golden horde state has tried to strengthen its economic and political positions in the Urals-Volga region [4, 90]. This marked the beginning of the construction of mosques, cities, development architecture etc. With diffusion of the writer has developed written literature, created works of art. Among the Bashkirs and other turkish peoples broad popular handwritten options works «Khosrow and Shirin» (1342) by Cutba, «Mukhabbat-name» (1358) by Kharesmi, «Жумжума-Sultan (1370) by Khusama Catib, «Gulistan bit Turks» (1391) by Saif Sheds and other authors who lived and worked in cities of the Golden Horde. They show a relationship traditions of Turkic and Bashkir folk creativity, Eastern literature and religious motives. In this article touching only some folk motifs that were popular in the literature of the period under consideration.

---

[1] By the UNESCO recommendation to undertake conservation of folklore says that «folklore (or traditional and popular culture) is the totality of tradition-based creations of a cultural community, expressed by a group or individuals and recognized as a reflection of the aspirations of the community, its cultural and social identity; its standards and values are transmitted orally, by imitation and in other ways. Its forms include, in particular, language, literature, music, dance, games, mythology, rituals, customs, Handicrafts, architecture and other arts» (Paris, 1 March 1985).

One of the most widely used, so-called, migrating epic motives is motive «love triangle», the struggle for creation of family. In the Patriarchal hierarchy this struggle was not based on romantic feelings, and on the material enrichment, in the striving to continue the race. In the struggle for the material benefits of and the need for a continuation of the Union is strong and powerful tribe has not romantic love feelings and inclinations.

For centuries we have seen so many epic monuments, legends and is built on a similar subject. In different periods they have inspired poets and writers, forcing them to take up the pen, and create on their basis (or on their motive) his own works. As a result of artistic interpretation, sentimental folklore motives have gained immortality in the literature («Kissa-Yusuf» by Kul-Gali «Leyla and Majnun», «Farhad and Shirin» by Navoi, «Poor Liza» by Karamzin, «Romeo and Juliet» by Shakespeare, French romance «Tristan and Isolde» etc). In this respect, of particular interest to us is referred to Turkish Dastan «Farhad and Shirin», the subject of the legend Nizami created his the poem, which are widely used folkloric poetry, traditions of the heroic epic. The subject of the Turkish national epos became population for the Ural-Volga region, Bashkir people, in particular, through Dastan Turk Cutba «Khosrov and Shirin». It is the common spiritual heritage of the peoples of Ural-Volga region. Therefore, when it comes to medieval written literature, relatively Bashkirs for ethnic identity we can use definition of the «Turkic-Bashkir», for Tatar – «Turkic-Tatar literature.

The subject of the Turkish version of the poem «Khosrov and Shirin», known as Dastan «Farhad and Shirin», was also built on folklore motives «prophetic dream», «love triangle», «fair ruler», «die together». There are the main characters-lovers are the artist – master of wall painting ordinary boy Farhad and beautiful Princess Shireen in the poem. System of images of the Turkic-Bashkir and Turkish versions of the work are pretty similar, but in the last there are mythical images of white bearded old man, not just visiting heroes in a dream, old women-sorceress wild beasts in it [6, 259-288]. Khosrov is the son of Khurmuse-Shah and appears on the scene much later. Final Dastan traditionally tragic: heard a false message about the death of Shirin and Farhad, without hesitation, commits suicide. To know about it Shirin, in turn, drives a dagger in his heart.

In the description of the feelings and emotions of the characters of the Turkish people also observed abstractness and streamlining. Inconsolable experiences lover Farhad, whom embark on an aimless journey, as relying Eastern to singer – narrator (ашук), reminds inconsolable Majnun – hero of the famous poem Navoi «Leyla and Majnun». It was created on the story of the old Arabic legend about tragic love.

Turks Cutba, as the child of his era, his work, of course, could not neglect traditions in literature. However, in the tradition and in the very principle of artistic use of folklore motives and images can be traced its tradition. In general, the subject of «Khosrov and Shirin»and as folk epos – Turkic dastan, built on the folklore motives «prophetic dream», «love triangle», «fair ruler». In epics, in love heroes traditionally cannot be reunited with their lives, as the stands between them «third party». A final similar monument usually tragic – heroes kills himself. Moreover, observed the established order of priority: at first third party dies young man, girl and commits suicide over his lifeless body, who don't moving separation from loved ones, I. Eremin calls this ritual as «die together» («соумирание») [3, 166]. When considering the epic monuments can come to the conclusion that this term can be applied in our case and called the motive of the death of heroes one by one motive «die together».

The subject of the Dastan Cutba, which building on these motives, but they are presented by the author according to his individual creativity. The folklore motives, which using them in a work, are important ideological and aesthetic value and are subject to the internal laws of the literary work. The motif of «prophetic dream» has a building subject. Seen by Khosrov the dream where his long-deceased grandfather foretells him a Royal throne, a beautiful wife, horse faster than the wind, is the beginning of the development of the main events. Because the sleep is prophetic, and in the future come to pass. However, all predicted not so quickly is becoming a reality. Even to meet their bride, he cannot soon be reunited with her. In the poem of love, you must pass a number of tests on the strength of their feelings, what should and in the genre the laws of the fairy tale. Quite by chance appeared between them, «third party» - a simple worker Farhad is gives rise to the tune of «love triangle». Unlike the selfish Khosrov, Farhad seems honest, noble, unselfish man with sincere feelings to Shirin. He is the symbol of devoted and pure love, without favorite him there is no life. Khosrov, knowing thi?s brings him false message about the death of Shirin. Hearing the bitter news, like the lovesick boy from the Turkish tale, not even making an attempt to understand all prefers death. The Cutba's Farhad is thrown from a high rock and broken to death. Because without his beloved the life is no meaning of.

In the folk tales and epos third person in a love triangle usually plays the character of a negative character. However, the Turkish folk epos «Farhad and Shirin» between the lovers also stands quite positive character Prince Khosrov. In the Cutba's poem by the third person is Farhad too, but also a good and harmless. Consequently, the author, pursuing certain ideological and aesthetic purposes, like «flips upside» famous fairy-tale motif and characters. If in the Turkish epic main character is not a Prince, and a congenial people commoner, a Turkic literature version of them is representative of the Royal person that was traditional for worshipper medieval literature. In Turkish folk story «Farhad and Shirin» is the idea of a just ruler, known in folklore as a motive. However, in a work of attention on her particularly focusing and says that sister Shirin – governed of the city Mekhmene-Banu – was fair and good, and townspeople were happy and satisfied.

In the literature motive of «a just governor» is used to carry out the vital instructive for the kings and rulers of ideas about the need to honest government of the nation in General. He is encourages them to be compassionate and attentive to the wishes and aspirations, giraffes and the plight of ordinary people. Despite worshipper and pleaser character of the poem Cutba and place of these ideas. Transcript of moral-didactic views of the author rests with Shirin, the mouth of which he accuses the Khosrov (or rather, at all rulers, like Khosrov. – N.H.) excessive wastefulness in the conduct of the infinite idle lifestyle while the government requires daily work and diligence. Shirin urges his beloved to be more careful and fair ruler for his subjects. She tries to draw the attention of a frivolous Khosrov on the righteous and justice reign country and people.

Thus, folklore motives, imaginatly and reincarnating in the epos Cutba «Khosrov and Shirin» and Turkish epic «Farhad and Shirin», depicts, from the point of view of typical characteristics. Actions occur in a typical time in a typical location with typical characters (even mention the names of some history persons), which was typical for the entire creativity of Dastan in Turkish folk, followed by Turkic medieval literature. Old as the world itself known concepts and principles as their creative search is based on personal experience and folk heritage.

Literarure
1. Alieva G.U. Legend of Chosroes and Width in the literatures of peoples of the East. – M., 1960.
2. Djavilidze A.D. ON the typology and the method of study of medieval Turkish poetry // Folklore, literature and history of the East. – Tashkent, 1984. – C. 73-77.
3. Eremina V.I. Ritual and folklore. – L., 1991.
4. History of Bashkortostan from ancient times to our days: in 2 vol.: /I.G Akmanjv (resp. amended). – Ufa. 2007. Vol.1.
5. Korogly K.G. Turkish folk tale// «Эмрах and Сельви» and other Turkish folk tale. – M. 1982/
6. «Amrah and Selvi» and other Turkish folk tale/Korogly K.G. (resp. amended). – M., 1982.

Keywords: folklore motives, medieval literature, Khosrov and Shirin and Farhad, Dastan.

Abstract
N.A. Khubitdinova's article «Folk motifs in Turkish and mediaeval Turkic literature Ural-Volga region» considers the problem of artistic reflection of folklore motives in the medieval Turkish and Turkic-Bashkir literature. On the studied motives in the literature given new ideological and aesthetic functions and sets new artistic tasks, which are solved in the author's and folk art in its own peculiar way.

Лаптев А.А.
Новосибирский военный институт внутренних войск имени генерала армии И.К. Яковлева МВД России, старший преподаватель
lapteff_aa@mail.ru

ПОВЕДЕНИЕ ПОТРЕБИТЕЛЕЙ: ОСОБЕННОСТИ ПОТРЕБИТЕЛЬСКОГО ВЫБОРА

Поведение потребителей – это процесс формирования рыночного спроса. Выбор товаров и услуг зависит, прежде всего, от потребностей, вкусов, привычек, традиций – от потребительских предпочтений.

Предпочтения потребителей – это признание преимуществ каких – либо благ перед другими благами, признание их лучшими. при этом предпочтения покупателя являются субъективными, так же как и оценка полезности каждого выбираемого блага. Кроме того, выбор потребителя ограничен ценой выбираемых продуктов и его доходом. Практическая неограниченность потребностей и ограниченность ресурсов приводит к необходимости выбора из различных комбинаций благ, к необходимости потребительского выбора. Одно из теоретических объяснений закона спроса, а также потребительского выбора связано с законом убывающей предельной полезности.

В экономической теории полезность блага – это удовлетворение, которое испытывает человек в процессе потребления блага; в основе полезности лежат различные физические, химические, биологические и прочие свойства блага.

Потребляя разные количества одного и того же блага, мы замечаем, что чем больше благ потребляем, тем меньшее удовлетворение получаем от потребления дополнительной единицы данного блага. В теории данная закономерность получила название закона убывающей предельной полезности.

Принципом убывающей предельной полезности руководствуется потребитель, выбирая такой потребительский набор, который принесет ему наибольшую полезность при данной цене блага и при данном доходе потребителя.

Таким образом, мы можем кратко сформулировать некоторые принципы поведения потребителя на рынке, т.е. модель его поведения:

- выбирая блага для потребления, покупатель руководствуется своими предпочтениями;
- поведение потребителя является рациональным, в частности он выдвигает определенные цели и руководствуется личными интересами, действует в рамках разумного эгоизма;

- потребитель стремится максимизировать совокупную полезность, другими словами, стремится выбрать такой набор благ, который принесет ему наибольшую общую величину полезности.

Как указывалось выше, при выборе благ возможности потребителя ограничены ценами благ и его доходом; данное ограничение называется бюджетным ограничением. Модель поведения потребителя представляет собой связанные между собой общие принципы поведения потребителя на рынке, включающие в себя прежде всего максимизацию совокупной полезности, закон убывающей предельной полезности и бюджетное ограничение. Это простейшая модель поведения потребителя. Некоторые положения этой модели слишком абстрактны. Тем не менее эта упрощенная модель поведения потребителя является очень полезной, многое объясняет в поведении покупателей на рынке, в том числе и то, от чего зависит спрос на товары.

По существу, теория поведения – это теория потребительского выбора. В изложенной выше модели поведения потребителя были сформулированы важнейшие принципы этого выбора.

Остановимся на трактовке понятия «потребительский набор».

Потребительский набор представляет собой комбинацию доступных потребителю товаров и услуг при его бюджетном ограничении. Линия бюджетного ограничения показывает все максимально возможные комбинации благ, доступные потребителю. Ее можно сравнить с известной кривой производственных возможностей. По аналогии ее можно было бы назвать «кривой потребительских возможностей». Потребитель здесь сам выбирает из максимально возможных наборов благ. Увеличивая объем потребления какого-то блага, он должен отказаться от какого – то количества данного блага, так как его ресурсы (доход) ограничены. Отказ от покупки определенного количества другого блага представляет собой альтернативные издержки потребителя. Предельная полезность на затраченный ресурс - это величина предельной полезности, получаемая путем деления минимальной полезности блага на цену этого блага.

Функция полезности – прямо пропорциональная зависимость между полезной совокупностью благ и их количеством. Вместе с тем замечено, что совокупная полезность возрастает по-разному, сначала прирост совокупной полезности большой, а затем он уменьшается.

Потребительский выбор представляет собой такой набор благ, который приносит потребителю максимум совокупной полезности в рамках бюджетного ограничения.

Мы подошли к главному вопросу теории потребительского выбора. Чем руководствуется потребитель, выбирая лучший набор благ, набор с максимальной полезностью? В чем состоит правило максимизации полезности? Простейшее правило максимизации полезности – это правило здравого смысла: если вы не можете увеличить полезность, меняя комбинации благ (потребительские наборы), значит вы достигли максимума полезности, и данный потребительский набор является наилучшим.

Потребитель максимизирует полезность набора благ при данном бюджетном ограничении, если отношение предельных полезностей двух благ соответствует отношению цен этих благ.

Список литературы:

1. Гальперин В.М., Теория потребительского поведения и спроса СПб , 2003.
2. Гембл, П., Стоун, М., Вудкок, Н. Маркетинг взаимоотношений с потребителями. / Пер. с англ. В. Егорова - М.: ФАИР - ПРЕСС,2002.
3. Гуксьян Г.М Экономическая теория: ключевые вопросы. — М.: ИНФРА-М, 2000.
4. Энджел, Д.Ф., Блэкуэлл, Р.Д., Миниард, П.У. Поведение потребителей. -СПб.: ПитерКом, 2007.

Козырев Н.В.
НГУЭУ «НИНХ»

ПИРАМИДА ЛОЯЛЬНОСТИ КАК ЭФФЕКТИВНЫЙ ИНСТРУМЕНТ МАРКЕТИНГА ВЗАИМООТНОШЕНИЙ

В современных условиях в связи с ужесточением конкуренции и ростом изобилия товаров и услуг произошла трансформация «пирамиды ценностей». По итогам исследований, различные авторы пришли к выводу о том, что если раньше бизнес-стратегии базировались на «продуктовой пирамиде», то в данное время господствует «пирамида лояльности».

«Пирамида лояльности» — инструмент, впервые предложенный К. Балашовым, который иллюстрирует стадии построения лояльности, соответствующие этапам жизненного цикла клиента:
- этап знакомства с компанией;
- этап первичной покупки и потребления приобретенного товара;
- этап удовлетворенности клиента;
- этап принятия решения о прекращении сотрудничества с компанией;
- этап возврата ушедшего клиента [1].

Особенность данного подхода в том, что эти этапы дополняют друг друга. Графически пирамида лояльности представлена на рис. 1.

Рис. 1. «Пирамида лояльности» по Балашову К. [2]

Другой отечественный автор - Т. В. Евстигнеева в своих работах представляет пирамиду лояльности в более упрощенном виде, сводя её к трем ступеням:
- положительное отношение;
- удовлетворенность;
- лояльность.

По иному выглядит пирамида лояльности, основе которой находится информационная лояльность, выражающейся в приверженности потребителей. В данном случае приверженность основывается на высоком уровне информированности, и проявляется в намерении покупок тех торговых марок, которые рекламируются более интенсивно [3].

Обобщив различные авторские подходы, можно выделить следующие группы факторов, влияющих на формирование лояльности покупателя к поставщику промышленной продукции:
- рациональные факторы – соотношение цены и качества товара, использование высоких технологий при его производстве, многообразие ассортимента;
- функциональные факторы (условия сотрудничества) – оплата, осуществление доставки, гарантийный сервис;
- факторы личных взаимоотношений – совместный отдых, участие в корпоративных праздниках компании, учет дней рождений сотрудников компании-покупателя;
- имиджевые факторы – репутация и имидж компании, известность марки на рынке, квалификация персонала, надежность компании.

Литература:

1. Исаева Е.В. Лояльность в системе управления взаимоотношениями с потребителями // Проблемы современной экономики. - 2009. - №4 (32).
2. Тыртышная И.Н. Лояльность потребителей как многофакторное и комплексное понятие в маркетинге взаимоотношений // Трансформация экономических и социальных отношений в посткризисный период: взгляд молодых ученых. – 2011.
3. Гончарова А.В. Влияние рекламы на лояльность потребителей // Вестник Сибирского университета потребительской кооперации. – 2012. - №2.

Бейбалаева Д.К.
д.э.н., доцент кафедры экономики и дизайна,
ФГБОУ ВПО «Дагестанский государственный педагогический университет», Россия
Агарагимов М.Ю.
соискатель кафедры экономики и управления в АПК,
ФГБОУ ВПО «Дагестанский государственный аграрный университет» им. М.М. Джамбулатова, Россия

ОСНОВНЫЕ НАПРАВЛЕНИЯ СОВЕРШЕНСТВОВАНИЯ УПРАВЛЕНИЕМ ПЕРЕРАБАТЫВАЮЩИМ КЛАСТЕРОМ АГРОПРОМЫШЛЕННЫМ КОМПЛЕКСОМ В ЭКОНОМИКЕ РЕСПУБЛИКИ ДАГЕСТАН

В современных условиях экономического развития наибольшее значение приобретает необходимость сбалансированного управления перерабатывающего кластера агропромышленного комплекса в экономике Республики Дагестан. Для этого следует осуществлять привлечение инвестиций с применением инновационных подходов и в условиях интеграции регионов в общероссийское и международное пространство с учетом всего спектра механизмов, структурных составляющих, факторов, ресурсов, исторически-сложившейся специализацией в различных муниципальных образованиях республики.

Для эффективного управления перерабатывающего кластера агропромышленного комплекса в экономике региона реализовать следующие задачи:

➢ определить основные направления совершенствования механизмов управления перерабатывающим кластером агропромышленного комплекса в экономике в современных условиях;

➢ разработать комплекс мероприятий по совершенствованию механизмов управления перерабатывающим кластером агропромышленного комплекса в экономике.

Решение этих задач позволит расширить представление о понятийном материале, раскрывающем сущность управления экономикой региона и процесса его совершенствования.

Кроме того, наибольшее значение имеет учет закономерностей развития экономики при управлении ею и совершенствовании этого процесса в современных условиях [2]:

1. Эффективное размещение перерабатывающих производств, означающее размещение на конкретной территории по возможности всех стадий производства вплоть до готовности продукта, при условии кооперирования, комбинирования производства, и внедрения инновационных технологий;

2. Равномерное развитие уровней экономических и социальных отношений районов;

3. Взаимодействие и взаимосвязь развитие хозяйств районов, предполагающие комплексное сочетание отраслей рыночной специализации, имеющих общероссийское и общереспубликанское значение, отраслей производства, удовлетворяющих потребности ведущих отраслей инфраструктуры;

4. Оптимальное и рациональное территориального разделения труда в пределах и между районами, которое способствует повышению уровней экономического развития региона, необходимое для расширенного воспроизводства перерабатывающего кластера агропромышленного комплекса в экономике.

Для улучшения качества этого процесса необходимо осуществить следующие мероприятия, имеющие направления:

➤ повышение роли анализа и оценки действия закона синергии, который применительно к проблеме заключается в том, что сумма свойств организованного целого превышает «арифметическую» сумму свойств, имеющихся у каждого из вошедших в состав целого элементов в отдельности;

➤ рассматривать перерабатывающий кластер агропромышленного комплекса как систему – разнообразие общественных институтов, целенаправленно интегрирующих свою деятельность;

➤ поддерживать стремление перерабатывающего кластера агропромышленного комплекса к «выживанию» и к устойчивому равновесию посредством целевых программ поддержки наиболее значимых отраслей.

Недостаточное внимание к региональному аспекту совершенствования механизмов управления перерабатывающим кластером агропромышленного комплекса в экономике региона за последние годы уже привел к резкому обострению противоречий во многих областях и может привести к дезинтеграции со значительным замедлением проводимых экономических реформ [3]. В этих условиях перед Республикой Дагестан стоит целый ряд серьезных социально-экономических и иных проблем, среди которых главенствующую роль играет экономическое положение, которое находится в сильной зависимости от финансовой поддержки и помощи из центра. Чтобы найти способы выхода из сложившейся ситуации необходимо учитывать исторические особенности развития экономики республики. В советский период преобладающая часть населения Дагестана занималась сельским хозяйством.. В настоящее время по уровню социально-экономического развития Дагестан занимает одно из последних мест среди субъектов Российской Федерации. В своем социально-экономическом развитии

Республика Дагестан сильно отстает от большинства субъектов Российской Федерации.

Немаловажное влияние на общественно-политическую ситуацию в республике оказывает ее геополитическое положение. Дагестан расположен на самой южной окраине Российской Федерации, на месте пересечения интересов, как мировых держав, так и региональных государств. К тому же через ее территорию проходят транспортные магистрали, имеющие стратегическое значение. Дагестан, населенный преимущественно приверженцами ислама, имея общую границу с мусульманским Азербайджаном, играет ключевую роль в осуществлении связей мусульманского Северного Кавказа с исламскими государствами Среднего и Ближнего востока.

Эти факторы можно использовать для налаживания связей с целью реализации продукции перерабатывающего кластера, как в приграничных регионах, так отдаленных регионов и стран. Оживление в последние годы сельхозпроизводства может благоприятно отразиться на этом процессе. Однако ситуация в экономике остается нестабильной, поскольку не создаются надежные предпосылки экономического роста, сохраняются и углубляются острые экономические и социальные проблемы, требующие безотлагательной активизации государственной инвестиционной политики, в первую очередь путем создания благоприятного предпринимательского и инвестиционного климата в перерабатывающем кластере агропромышленного комплекса в экономике республики.

Впервые за время реформ в последние два года увеличился инвестиционный спрос, обусловивший прирост инвестиций агропромышленный комплекс региона. При этом основными генераторами инвестиционного спроса стали экспортно-ориентированное выпускаемой продукции из-за роста мировых цен на энергоносители и перерабатывающая промышленность, обеспечивающая покрытие внутреннего спроса на товары потребления [1]. Рост инвестиций создает основу для увеличения ВРП, доходов бюджет и решения острых проблем.

Влияние инвестиционной активности в перерабатывающем кластере агропромышленного комплекса в экономике региона невозможно без учета региональных особенностей структуры этого комплекса, факторов, ресурсов, методов, тенденций развития и стратегических подходов к совершенствованию процессом управления регионом для повышения благосостояния населения. Этого можно добиться, если применение всех направлений совершенствования управления развитием этой значимой отрасли экономики будет способствовать устойчивости социально-экономических отношений Республики Дагестан.

Литература

1. Корчагин Ю. А. Региональная финансовая политика и экономика. – Ростов н/Д.: Феникс, 2006.
2. Морозова Т. Г. Государственное регулирование экономики – М. ЮНИТИ, 2001.
3. Цихан Т. В. Кластерная теория экономического развития. // Теория и практика управления. – 2005. №5.

Лукин А.Г.
кандидат экономических наук, старший преподаватель кафедры Общего и стратегического менеджмента Самарского государственного университета

КЛАССИФИКАЦИЯ ФИНАНСОВОГО КОНТРОЛЯ ПО СТЕПЕНИ ЗАВИСИМОСТИ ОТ ЗАИНТЕРЕСОВАННОГО ПОЛЬЗОВАТЕЛЯ

Классификация финансового контроля довольно широко рассматривается в научной литературе. Однако, вслед за определениями, даваемыми финансовому контролю, она ориентируется на органы, осуществляющие контрольную деятельность или на особенности его осуществления [5]. Так, например государственный контроль, как правило, рассматривается как контроль, осуществляемый органами государственной власти, а разница между плановым и внезапным контролем в том, что первый проводится в соответствии с планом деятельности контрольного органа, а второй вне такого плана и т.д.

По нашему мнению в принятой сегодня классификации финансового контроля отсутствует интерес пользователя информацией контроля – заинтересованного пользователя [4]. Поэтому существующая классификация, как правило, мало востребуется ими, так как она им неинтересна, и как следствие ни чем не помогает в реализации их желания осуществить действенный финансовый контроль. В лучшем случае создаётся некое структурное подразделение для осуществления контроля, например отдел или департамент и на него возлагается вся работа по организации и осуществлению финансового контроля, начиная от формулировки интереса пользователя, заканчивая реализацией собственной информации и возложения на него ответственности за ошибки и нарушения проверенных объектов контроля. Объясняется такой подход просто, у вас своя классификация вот вы ей и руководствуйтесь, а я там ни чего не понимаю.

Мы предлагаем взглянуть на классификацию финансового контроля с точки зрения заинтересованного пользователя. Изменение подхода проиллюстрируем на примере таких важных видов финансового контроля, как внешний и внутренний финансовый контроль.

Современная научная литература внешний и внутренний контроль группирует по различным признакам. Одни авторы считают, что основным признаком, объединяющим эти виды финансового контроля, является субъект контроля [3], а точнее – кто осуществляет проверку, другие считают, что эти виды объединяет характер взаимоотношений между субъектом и объектом контроля [6], третьи отличительным признаком данных видов контроля ставят признак «по назначению и направленности» [2, раздел 7] и т.д.

По нашему мнению, главным отличительным признаком этих видов финансового контроля является степень его зависимости от заинтересованного пользователя. Поэтому мы предлагаем следующую классификацию финансового контроля по этому признаку:
- внутренний финансовый контроль;
- внешний финансовый контроль;
- ведомственный финансовый контроль;
- корпоративный финансовый контроль;
- аудит.

Данный признак показывает степень зависимости органов осуществляющих финансовый контроль от воли заинтересованного пользователя. Основу данной классификации составляет, конечно, внутренний контроль.

Это контроль, осуществляемый в интересах заинтересованного пользователя, он организуется для предотвращения финансовых нарушений и для обеспечения последнего своевременной и достоверной информацией. Именно внутренний контроль для заинтересованного пользователя должен быть системой, а не разовыми мероприятиями, направленными для решения эпизодически возникающих проблем. Как правило, информация внутреннего контроля ложится в основу управленческих решений.

Органы, осуществляющие внутренний контроль полностью подчинены заинтересованному пользователю. Поэтому с точки зрения заинтересованного пользователя внутренний контроль наиболее управляем, оперативен, позволяет достигнуть высоких степеней адаптации к изменяющимся условиям и сохранения конфиденциальности информации, а также управлять затратами на осуществление контрольной деятельности. Однако, внутренний контроль имеет один заметный недостаток – сложно обеспечить действительно высокую степень независимости органов, осуществляющих финансовый контроль от проверяемых.

Внешний контроль – финансовый контроль, осуществляемый независимыми от заинтересованного пользователя органами, и в целях также независящих от него. Он осуществляется либо в интересах государства, либо в интересах общества. Основными отличительными чертами внешнего финансового контроля от внутреннего является то, что он проводится в интересах иного, по отношению к предприятию и его менеджменту, заинтересованного пользователя, не допустить которого к нужной ему информации руководитель предприятия (заинтересованный пользователь) не имеет возможности в силу закона (например, государство – предприятие), правового положения (собственник – наёмный управляющий) или добровольно взятых на себя обязательств (общество – субъект хозяйствования). Поэтому внешний финансовый контроль, как правило, проводится в пользу государства, общества или собственника, если последний управляет своей собственностью через наемного менеджера. При этом, заинтересованный пользователь может и обязан использовать информацию, полученную в ходе внешнего финансового контроля в интересах предприятия.

Ведомственный и корпоративный виды финансового контроля выделены отдельно в силу того, что они несут в себе признаки как внутреннего, так и внешнего финансового контроля. Эти два вида контроля имеют общий признак, они осуществляются в интересах собственника (наёмного управляющего) предприятия имеющего, как правило, дивизионную структуру управления, то есть когда в составе предприятия несколько самостоятельных (имеющих статус юридического лица или не имеющих такового) производств, находящихся при этом за пределами головного предприятия. Это, как правило, органы государственной власти или крупные предприятия (холдинги, корпорации и т.д.). Поэтому с одной стороны эти виды финансового контроля можно отнести к внутреннему контролю по отношению к головному предприятию и его собственнику (наёмному управляющему), а с другой стороны он выступает как внешний контроль по отношению к проверяемому филиалу или дочернему предприятию.

Однако, не смотря на общий признак они различаются, так как относятся к различным видам заинтересованных пользователей. Ведомственный это государственный финансовый контроль, осуществляемый в рамках ведомства, т.е. министерства, федеральной службы или агентства, за деятельностью подведомственных распорядителей или получателей средств бюджетов. Корпоративный – осуществляется в рамках коммерческого предприятия, имеющего дочерние предприятия, являющиеся юридическими лицами или нет, но осуществляющие свою деятельность отдельно от головного предприятия. Как видно разница между ними в заинтересованном пользователе, в чьих интересах осуществляется финансовый контроль, вернее в том виде собственности, к которому он относится. Ведомственный финансовый контроль осуществляется в интересах государственного или муниципального собственника, корпоративный – в интересах частного.

Аудит – уникальный вид финансового контроля. Он создавался как внешний независимый коммерческий финансовый контроль, и за время своего развития вырос в стройную самостоятельную научную теорию. Уникальность данного вида контроля состоит в том, что он несет в себе черты внешнего контроля, так как он осуществляется органами непосредственно независящими от заинтересованного пользователя, но и черты внутреннего контроля, так как он осуществляется в интересах заинтересованного пользователя определённых договором на проведение аудита. Аудиторы не вправе без согласия заинтересованного пользователя распространять полученную в ходе аудиторских мероприятий информацию [1, п. 4 ст. 6], в то же время заинтересованный или внутренний пользователь имеет минимальные возможности влияния на мнение аудитора, чем достигается максимальная степень независимости последнего. В зависимости от интереса заинтересованного пользователя, выраженного в договоре на проведение аудита, аудиторы могут не только собирать информацию для него, но и осуществлять мероприятия по предотвращению и профилактике финансовых нарушений, что недоступно для внешнего контроля.

Такой подход к классификации гораздо более понятен тем, кто хочет организовать действительно действенный финансовый контроль на своем предприятии. Он позволяет выбрать оптимальный контрольный инструмент для реализации своей финансовой политики и определиться с подходящим для её целей способом осуществления контрольной деятельности.

Литература (источники):

1. Федеральный закон от 30.12.2008 № 307-ФЗ «Об аудиторской деятельности».
2. Контроль и ревизия, электронное учебное пособие // http://eos.ibi.spb.ru/umk/8_13/5/5_R1_T1.html.
3. Синицкая Н.Я., Финансовый менеджмент в рисунках и схемах, учебное пособие / Издательство "Академия Естествознания", 2011 год // http://www.rae.ru/monographs/140-4622.
4. Лукин А.Г., Интерес пользователей информацией как основа организации финансового контроля [Текст] / Управление экономическими системами. Электронный журнал. – (31) УЭкС, 7/2011., дата публикации 20.07.11, № гос. рег. статьи 0421100034/0212. // http://www.uecs.ru/finansi-i-kredit/item/522-2011-07-20-08-41-19.
5. Лукин А.Г., Основные характеристики сущности финансового контроля [Текст] / Основы экономики, управления и права, периодический всероссийский научный журнал. 2012. № 3 (3). – С. 43-47.
6. Лукошкин С.В., Классификация видов финансового контроля [Текст] / "Современный бухучет". 2009. № 2. – С. 63-73.

Чеджемов Г.А.
Самарский государственный экономический университет, Самара, Россия

ОСОБЕННОСТИ КОНКУРЕНЦИИ ВУЗА НА РЫНКЕ ОБРАЗОВАТЕЛЬНЫХ УСЛУГ (РЕГИОНАЛЬНЫЙ АСПЕКТ)

Конкуренция в общем смысле может быть определена, как соперничество между отдельными лицами и хозяйствующими единицами, заинтересованными в достижении одной и той же цели. Если эту цель конкретизировать, то рыночной конкуренцией называется борьба фирм за ограниченный объем платежеспособного спроса потребителей, ведущаяся фирмами на доступных им сегментах рынка. Конкуренция является неотъемлемой частью рыночной среды и является необходимым условием развития экономической деятельности во всех отраслях.

В рамках поведенческой теории конкуренция обычно трактуется как взаимодействие заинтересованных сторон рынка, каждая из которых претендует на относительно лучшие условия реализации своих интересов и относительно большую выгоду. Данное взаимодействие имеет двусторонний характер. Оно включает виды, методы, направления, формы, стратегии, модели воздействия на соперников, а также противодействия этим же соперникам, претендующим на обеспечение наилучших условий реализации собственных интересов. Таким образом, основу конкуренции любых экономических субъектов всегда составляет совокупность конкурентных действий, производимых данными субъектами – заинтересованными сторонами рынка.

Черты конкурентных взаимодействий фирм можно охарактеризовать следующим образом:
- ➢ фирмы борются за более выгодную рыночную позицию, которая проявляется, в конечном счёте, в стремлении каждого завоевать свою клиентуру (наиболее прибыльную рыночную долю);
- ➢ конкурирующие стратегии фирм и пути реализации этих стратегий различны;
- ➢ фирмы ограничены, в основном, своими соображениями о том, что и как сработает на этом рынке (реакция покупателей и т.п.), и что вообще юридически законно (антимонопольное законодательство, разрешающее конкурентные действия и т.д.).

В экономической литературе принято разделять конкуренцию по ее методам на:
- ➢ ценовую (конкуренцию на основе цены);
- ➢ неценовую (конкуренцию на основе роста качества).

Ценовая конкуренция восходит к временам свободного рыночного соперничества, когда даже однородные товары предлагались на рынке по самым разнообразным ценам. Снижение цены было той основой, с помощью которой производитель выделял свой товар, привлекал к себе внимание и, в конечном счете, завоевывал себе желаемую долю рынка.

Неценовая конкуренция выдвигает на первый план более высокую, чем у конкурентов, потребительную стоимость товара (фирмы выпускают товар более высокого качества, обеспечивают меньшую цену потребления и более современный дизайн).

Высшее образование стало таким же полноценным рынком – со всеми необходимыми атрибутами, как и другие рынки услуг. При этом вузы страны предлагают не только чисто образовательные услуги, но и разнообразные научно-исследовательские и консалтинговые услуги. Вузы находятся в условиях конкуренции за ученых, репутацию, за подрастающее поколение молодых ученых, за профессоров на замещение должностей, за студентов.

Отношения внутри академического сообщества, как и любые внутриотраслевые отношения, предполагают соперничество образовательных учреждений за внимание и признание других заинтересованных сторон рынка образовательных услуг, составляющих общее окружение всех образовательных учреждений. Потребители образовательных услуг черпают из этого соперничества несомненную пользу, приобретая, как минимум, свободу выбора места получения образования. Производители образовательных услуг включают конкурентные действия и их администрирование в состав направлений своей профессиональной деятельности.

Конкуренция среди вузов выполняет очень важные функции, среди которых можно выделить следующие:

создание действенных стимулов для развития системы высшего образования в целом;

формирование механизма отбора наиболее эффективных решений;

предоставление возможности свободного выбора для всех участников экономических отношений.

Наше исследование заключалось в рассмотрении региональной конкуренции между вузами, на примере рынка высшего образования в городе Самаре. Под региональной конкуренцией мы понимаем соперничество между местными и инорегиональными вузами, различных масштабов и форм собственности за определенного потребителя в социально-экономических условиях конкретного региона. Особенности региональной конкуренции:

➢ социально-экономические условия региона определяют структуру спроса на высшее образование;

➢ специфика региона (уровень урбанизации, структура экономики, уровень доходов населения и т.д.) определяет сложность проникновения федеральных и иногородних вузов;

➢ в каждом регионе свое соотношение между ценовой и неценовой конкуренцией;

➢ крупные федеральные вузы, представленные своими филиалами и обладающие мощным ресурсным потенциалом, могут уступать даже местным не значительным вузам, знающим региональные особенности и предлагающие услуги, соответствующие потребностям местных потребителей.

На самарском городском рынке высшего образования в 2011 году осуществляли свою деятельность 38 вузов, из них: 12 местные государственные, 9 местные частные, 10 иногородние государственные и 7 иногородние частные учебные заведения.

В рыночной экономике фирмы действуют в условиях конкуренции. Обычно выделяют четыре возможные конкурентные структуры или типы рынков (совершенная и монополистическая конкуренция, олигополия, монополия). Поскольку любой вуз – это многопрофильное учреждение по оказанию образовательных услуг, то в рамках определенного региона отдельно взятый вуз может оказаться единственным по оказанию какой-то образовательной услуги. С другой стороны, сразу несколько вузов могут предлагать образовательные услуги по одним и тем же специальностям. Из этого следует, что вузы могут одновременно обладать 100%-ной долей рынка образовательных услуг по каким-то одним специальностям, значительной долей рынка по другим специальностям и незначительной долей рынка в целом, если брать во внимание весь рынок образовательных услуг безотносительно к специальностям. То есть по величине доли рынка реальная рыночная структура образовательной сферы обладает чертами таких типовых рыночных структур, как чистая монополия, монополистическая конкуренция и олигополия.

По мнению многих отечественных исследователей для рынка образовательных услуг России, характерным является преобладание олигополистического рынка и рынка монополистической конкуренции.

В сознании населения образовательная деятельность крупных высших учебных заведений, как правило, имеет приоритет перед другими видами образования. Это обусловлено тем, что крупные вузы имеют такие преимущества как: предоставление более качественных образовательных услуг, более широкой номенклатуры специальностей и специализаций, больших инвестиций в создание материальной базы для подготовки специалистов, более совершенные методы распространения информации и рекламы своей работы. В тоже время за последние годы, на самарский образовательный рынок пополняется иногородними и частными вузами, которые усиливают конкуренцию и переманивают потенциальных абитуриентов.

В современных условиях во многих регионах наряду с собственными образовательными учреждениями, успешно функционируют филиалы вузов других регионов. Присутствие иногородних вузов усиливает конкуренцию и положительно сказывается на общем развитии рынка высшего образования.

Литература:

1. Клейнер Г. Микроэкономика знаний и мифы современной теории // Высшее образование в России № 9, 2010;
2. .Конкурентоспособность высшего учебного заведения в образовательном пространстве региона / Под ред. А.П. Жабина, Самара: Изд-во Самарская государственная. экономическая академия, 2004;
3. ...Палуба О.Ю. Методы повышения конкурентоспособности образовательных услуг в условиях единого образовательного пространства. Санкт-Петербург,2006г. Автореферат диссертации на соискание ученой степени кандидата экономических наук;
4. .Предпосылки возникновения и развития конкуренции на рынке образовательных услуг. Саягина Н.Н, Хаирова С.М., Вестник Самарского государственного экономического университета, 2008 №2 (40);
5. Савенкова, Ю. С. Управление конкурентоспособностью вуза в современных социально-экономических условиях / Ю. С. Савенкова, А. А. Советкина // Вопросы образования,2009, № 4.

Симакова М.Э.
студентка Волгоградского Государственного Технического Университета
simakova-mariya@yandex.ru

Хрысёва А.А.
доцент, кандидат экономических наук Волгоградского Государственного Технического Университета

ВЛИЯНИЕ ПРОЦЕССОВ ГЛОБАЛИЗАЦИИ НА ЭКОНОМИЧЕСКИЙ ПОТЕНЦИАЛ ПРОМЫШЛЕННО-РАЗВИТЫХ СТРАН

XIX век- этап бурного развития промышленности, роста корпораций, информационных технологий, коммуникаций, множества транспортных сетей и поселений. Все это приводит к значительным пространственным и структурным преображениям, интеграции различных сфер экономики отдельных стран и регионов. В современном мире протекающий в рамках мирового хозяйства процесс глобализации во многом и по-разному воздействует на страны с различным уровнем развития. Одной из тенденций, характерных для группы развитых стран является неравномерность их экономического и социального развития стран. Сегодня перспективы экономического развития во многом связаны с вхождением в мировое хозяйство, с поиском своего места в динамично развивающихся в мире процессах глобализации, охвативших практически все сферы общественной жизни: политику, экономику, военную экономику, экологию и т.д. Глобализация - объективный процесс и один из важнейших факторов современного мирового развития.

В наше время выигрывает тот, кто рационально использует ресурсы и превращает их в прибыль. Чтобы завоевать мировое господство и удерживать конкурентоспособность на рынках, странам необходимо обладать не только природными ресурсами, но также высоким научным потенциалом, новейшими технологиями, выпускать исключительную по потребительской ценности продукцию, поддерживать экспорт и импорт, так как в последнее время взаимоотношения между государствами формируются в большей мере от состояния национального хозяйства и размеров ВВП страны. Это во многом затрагивает одну из основных и актуальных проблем экономической теории- проблему эффективного использования экономического потенциала, являющегося фундаментом каждой государственности. Суть данного вопроса состоит в рациональном использовании ресурсов и удовлетворении безграничных общественных потребностей.[3,1]

Как известно, экономический потенциал зависит не только от абсолютных объемов ресурсов и производственных возможностей, но и от степени их использования. Высокий уровень совокупного экономического потенциала имеют страны с развитыми производительными силами и рыночной экономикой, такие как США, Япония, Германия, Франция, Великобритания, Италия и Канада и другие.

Для того чтобы не терять господство и статус в мире каждая страна должна реализовывать интегрированный рост своего экономического потенциала, осуществлять программный метод решения проблем развития и систему мер, обеспечивающих стабилизацию положения на отдельных отраслях в долговременной перспективе.

В процессе глобализации промышленно-развитые страны могут столкнуться с рядом ее негативных последствий таких как:

- рост безработицы, в результате внедрения новых технологий и сокращения рабочих мест и изменения структуры производства;

- неравномерность распределения преимуществ от глобализации не только по отдельным странам, но и в разрезе отдельных отраслей. Отрасли, получающие выгоды от внешней торговли, и отрасли, связанные с экспортом, испытывают больший приток капитала и квалифицированной рабочей силы, а другие отрасли беднеют;

- высокая мобильность рабочей силы.[4,2]

Поэтому с целью решения этих проблем и формирования компонентов стратегии повышения эффективности экономического потенциала промышленных стран (а, именно, природного, научного, трудового) ,необходимо реализовать следующие мероприятия:

- определить по всей системе разрабатываемых программ наиболее существенные финансовые источники развития;

-спрогнозировать рынки сбыта продукции, производимой в стране – (координация действий региональных органов власти и органов управления промышленными предприятиями)

-создать максимально гибкий рынок труда , способного реагировать на изменение конъюнктуры рынка

-организовать программы по регулированию безработицы: Создание рабочих мест с неполной занятостью, содействие занятости посредством оказания помощи в поиске рабочего места, страхование по безработице и тд.[1,2]

- определить приоритеты долгосрочного социально- и технико-экономического развития,

- сформировать промышленную, научно-техническую и бюджетную политики, обеспечить их реализацию за счет использования государственных гарантий, осуществления целевых инвестиционных и научно-технических программ, работы институтов развития, стимулирования инвестиционной и инновационной активности.[2,2]

В результате создания мощного экономического потенциала страны, высокоразвитых производительных сил возникает возможность значительно ускорить рост тех отраслей общественного производства, которые удовлетворяют непосредственные потребности народа. Успехи, достигнутые в развитии тяжелой промышленности, позволят в настоящее время направить значительно больше ресурсов на развитие отраслей, производящих предметы потребления.

Список литературы

1. Вишневская Н.Т. «Рынок труда в канун XXI века: основные тенденции// Труд за рубежом 2001. №2
2. Дубенецкий Я.Н. Активная промышленная политика. // Проблемы прогнозирования. - № 1. 2003.
3. Электронный журнал «Проблемы современной экономики». - http://www.m-economy.ru/.
4. «Негативные последствия глобализации мировой экономики»// Студопедия -[Электронный ресурс]/-Режим доступа: http://studopedia.ru

Звонцова М.А.
студентка Волгоградского Государственного Технического Университета
simakova-mariya@yandex.ru
Хрысёва А.А.
доцент, кандидат экономических наук Волгоградского Государственного Технического Университета

СПЕЦИФИКА ФОРМИРОВАНИЯ СОВРЕМЕННЫХ ВНЕШНЕТОРГОВЫХ ОТНОШЕНИЙ В ГЛОБАЛЬНОЙ ЭКОНОМИКЕ

Термин «глобальная экономика» имеет тесную взаимосвязь с термином «мировая экономика», но отражает серьёзные изменения в социальной реальности. Глобальная экономика — это экономика, в которой национальные экономики зависят от деятельности глобализированного ядра. Последнее включает в себя финансовые рынки, международную торговлю, транснациональное производство, в определенной степени науку, технологию и соответствующие виды труда. В целом можно определить глобальную экономику как экономику, чьи основные компоненты обладают институциональной, организационной и технологической способностью действовать как общность (целостность) в реальном времени или в избранном времени в планетарном масштабе.[4]

На данном этапе развития общества торговые отношения только внутри страны становятся затруднительными. Любое государство пытается минимизировать свои издержки и максимизировать прибыль, а это, в рамках глобальной экономики, становится возможным только посредством международного разделения труда, который в свою очередь влечет за собой разделение производства, т.е. международную специализацию, и его объединение – кооперацию.[6]

Становление и развитие современных международных экономических отношений обусловлено появлением ряда предпосылок на национальном и международном уровнях.

— повышение уровня интернационализации развития производственных сил отдельной страны;

— рост национального производства товаров, количество которых уже в значительной степени превышает внутренние потребности;

— ускорение внедрения в экономический процесс достижений научно-технического прогресса;

— неравномерность распределения факторов производства;

— осознанность нации в развитии и совершенствовании экономических преимуществ и их места в формировании международных экономических отношений;

— создание развитой инфраструктуры внешнеэкономических связей.[1]

Формирование внешнеторговых отношений всегда происходило под влиянием определенных действий и факторов. В современных условиях такими факторами следует считать:

— постоянное и устойчивое увеличение объемов и ассортимента товарного обмена;

— расширение сферы действий и функций мирового финансового рынка;

— поиск путей преодоления негативных последствий глобальных проблем;

— либерализация внешнеторговой политики;

— улучшение инвестиционного климата;

— либерализация национальной и международной политики;

— изменения в системе международного разделения труда;

— расширение процессов региональной экономической интеграции;

— рост значения международных корпораций;

— создание и постоянное совершенствование системы мирового и регионального регулирования международных экономических отношений;

— формирование всемирной инфраструктуры международных экономических отношений;

— изменения в политических отношениях между странами.[2]

Все субъекты мировой экономики взаимодействуют между собой через систему международных экономических отношений, что на практике способствует формированию механизма функционирования мирового хозяйства. Как составная часть мирового хозяйства современные международные экономические отношения представляют собой систему отношений экономической взаимосвязи и взаимозависимости национальных хозяйств. В этом качестве международные экономические отношения отражают рыночный характер национальных экономик. Особенностями международных экономических отношений как сферы развитого рыночного хозяйства являются:

— экономическое отделение участников на базе мирового разделения труда и национальных границ;

— международный обмен факторами и результатами производства, что привело к созданию и функционированию мировых рынков товаров, услуг, капиталов, рабочей силы, технологий и т.п.;

— действие законов спроса, предложения, свободного ценообразования;

— конкурентная борьба продавцов, покупателей, товаров и услуг;

— склонность к монополизации концентрации производства и сбыта.[5]

Международные экономические отношения имеют свои специфические особенности, существенно отличающие их от внутринациональных:

— большие объемы обмена;

— несравненно большее количество субъектов;

— более масштабная (нередко глобальная) и острая конкуренция между субъектами;

— специфическая инфраструктура функционирования международных экономических отношений в виде международной стандартизации и сертификации производства и продукции, развития международных перевозок, связи, информационного пространства, мирового валютного рынка и др.;

— особая система регулирования международных экономических отношений на различных уровнях.[3]

Таким образом, можно констатировать, что внешнеторговые отношения в глобальной экономике имеют ряд специфических особенностей, обусловленных спецификой формирования этих отношений.

Использованные источники:

1. Международные экономические отношения / под ред. Б.М.Смитиенко. - М.:ИНФРА-М, 2008. – гл. 8, 9, 10.
2. Международные экономические отношения / под ред. Н.Н.Ливенцева. - М.:РОССПЭН, 2007. – гл. 2, 4.
3. Международные экономические отношения / под ред. В.Е.Рыбалкина. - М.:ЮНИТИ-ДАНА, 2007. – гл. 11.
4. Международные экономические отношения / под ред. И.П.Фаминского. - М.:Юристъ, 2006. – гл. 7, 9.
5. Ширай, В.И. Мировая экономика и международные экономические отношения: учеб. пособие. – М.: Дашков и К°, 2003. – гл. 2, 12, 14.
6. Гладков, И.С. Мировая экономика и международные экономические отношения: учеб. пособие. – 3-е изд., перераб. и доп. / И.С. Гладков. – М.: Дашков и К°, 2003. – гл. 4.

Тихонова С.С.
доцент, кандидат юридических наук, ФБГОУ ВПО «Нижегородский государственный университет им. Н. И. Лобачевского»
sstikhonova@yandex.ru

К ВОПРОСУ О КРИМИНАЛИЗАЦИИ НАРУШЕНИЙ ПРАВА НА СВОБОДУ ВЕРОИСПОВЕДАНИЙ В РОССИЙСКОЙ ФЕДЕРАЦИИ

Известно, что «правотворчество не может остановиться на определенном этапе, а все время находится в движении, в постоянном развитии в силу динамики различных социальных связей, возникновения новых потребностей общественной жизни, настоятельно требующих вмешательства государства путем правовой регламентации» [1, 32]. Однако адаптация отечественного законодательства к меняющимся условиям жизнедеятельности общества отнюдь не означает необходимости постоянной новеллизации *уголовного* закона, в частности, криминализации деяний. Следует помнить, что сами по себе «распространенность и рост антиобщественных проявлений не всегда могут служить основанием их криминализации. Иногда, напротив, они могут выступать в качестве основания для декриминализации таких проявлений или изначального оставления их за пределами уголовной ответственности» [5, 39].

В этой связи нельзя не отметить, что в отечественной уголовно-правовой науке выделяется целая группа «псевдопреступлений», оптимальное место которым, по мнению ученых, – среди административных правонарушений. К числу их, как правило, относятся деяния, предусмотренные ст.ст.141.1, 145-145.1, 148, 170, 180, 197, 214, 215.1, 242, 326, 327.1 УК РФ и т.д. [3, 18; 7, 57; 8, 270; 9, 84]. Как видим, в числе деяний, свидетельствующих о наличии в УК РФ *избыточной (неуместной)* криминализации, предусмотрено и незаконное воспрепятствование деятельности религиозных организаций или совершению религиозных обрядов (ст.148 УК РФ в редакции до принятия Федерального закона от 29 июня 2013 г. №136-ФЗ). Однако, несмотря на имеющиеся в отечественной уголовно-правовой науке сомнения относительно целесообразности установления именно *уголовной* ответственности за соответствующее деяние, Федеральным законом от 29 июня 2013 г. №136-ФЗ была осуществлена *дополнительная криминализация* нарушений права на свободу вероисповеданий. В рамках ст.148 УК РФ, изменившей наименование с «Воспрепятствование осуществлению права на свободу совести и вероисповеданий» на «Нарушение права на свободу вероисповеданий», были сконструированы новые составы преступлений, запрещающих определенные формы индивидуального произвола в сфере взаимодействия с верующими.

«Преступления против конституционных прав и свобод человека и гражданина – это предусмотренные уголовным законом общественно опасные деяния, непосредственно посягающие на общественные отношения по поводу реализации наиболее важных человеческих потребностей (в творчестве, безопасности и защите, управлении, познании, уважении), права на обеспечение которых закреплены в Конституции Российской Федерации» [6, 235]. Пользуясь данным определением непосредственный объект состава преступления, предусмотренного ч.1 ст.148 УК РФ, следует определить как общественное отношение по поводу реализации такой человеческой потребности, как право на уважение религиозных убеждений.

Объективная сторона состава преступления, предусмотренного ч.1 ст.148 УК РФ, имеет следующую формулировку: «публичные действия, выражающие явное неуважение к обществу». Таким образом, законодатель ограничил сферу применения соответствующего уголовно-правового предписания случаями активного поведения виновных. При этом *действия должны выражать явное неуважение к обществу*, т.е. свидетельствовать о желании виновного противопоставить себя не только представителям какой-либо определенной социальной группы, выделяемой на основании ее религиозной принадлежности, но всем окружающим, демонстрируя пренебрежительное к ним отношение. Согласно п.19 постановления Пленума Верховного Суда РФ от 09.02.2012 № 1 вопрос о *публичности* действий виновного должен разрешаться с учетом места, способа, обстановки и других обстоятельств дела (обращения к группе людей в общественных местах, на собраниях, митингах, демонстрациях, распространение листовок, вывешивание плакатов, размещение обращений в информационно-телекоммуникационных сетях общего пользования, включая сеть Интернет, например на сайтах, форумах или в блогах, распространение обращений путем массовой рассылки электронных сообщений и т.п.). Следовательно, *публичность* действий виновного означает совершение действий либо непосредственно в присутствии неопределенного круга лиц в местах массового пребывания людей (концертный зал, остановка общественного транспорта, торговый центр, учебная аудитория и т.п.) либо опосредованно - с использованием технических средств связи, информационно-телекоммуникационных сетей общего пользования, включая сеть Интернет.

Субъективная сторона состава преступления, предусмотренного ч.1 ст.148 УК РФ, помимо прямого умысла (в связи с тем, что состав преступления сконструирован, как формальный) включает специальную цель – оскорбление религиозных чувств верующих. Достижение данной цели не имеет значения для квалификации.

Совершение действий, подпадающих под признаки объективной стороны состава преступления, предусмотренного ч.1 ст.148 УК РФ, при отсутствии цели оскорбления верующих (например, при наличии цели подобным поведением переубедить верующих) исключает уголовную ответственность. Но если эти действия представляют собой «умышленное публичное осквернение религиозной или богослужебной литературы, предметов религиозного почитания, знаков или эмблем мировоззренческой символики и атрибутики либо их порча или уничтожение», содеянное подпадает под признаки ч.2. ст.5.26 КоАП РФ. Кроме того, следует помнить, что уничтожение, повреждение или осквернение надмогильных сооружений, которые в том числе могут иметь религиозную символику, независимо от цели совершения данного преступления подлежит квалификации по ст.244 УК РФ «Надругательство над телами умерших и местами их захоронения».

Законодатель должен стремиться к тому, чтобы дать как можно меньше поводов для критики создаваемых законов. Однако, разделяя позицию, согласно которой «уголовное право – этой крайние меры воздействия за крайне негативное общественное поведение» [4, 183], сложно не подвергнуть критике решение законодателя о криминализации вышеуказанных действий, нарушающих права на свободу вероисповеданий.

«Уголовно наказуемыми должны объявляться только такие действия, которые с точки зрения уголовной политики и правосознания представляют весьма значительную общественную опасность» [2, 4-5], особенно в свете общего направления отечественной уголовной политики на гуманизацию уголовного законодательства. Отсутствие же существенной общественной опасности публичных действий, совершаемых в целях оскорбления чувств верующих, признается самим законодателем, предусмотревшим в санкции ч.1 ст.148 УК РФ наказание в виде лишения свободы только в качестве альтернативного и на срок не более года.

Наращивание мелких уголовно-правовых запретов затрудняет работу правоохранительных органов, которые в результате просто вынуждены «закрывать глаза» на существование отдельных уголовно-правовых предписаний, что дискредитирует уголовный закон в целом, подрывая его авторитет. Кроме того, представляется, что уголовно-правовые новации не должны осуществляться без учета культурно-исторических традиций социума. Поэтому, конструируя уголовно-правовые предписания, законодатель не должен был игнорировать тот факт, что значительная часть населения Российской Федерации, получившая воспитание и образование в советское время – это лица, не имеющие какой-либо религиозной принадлежности либо убежденные атеисты, чьи мировоззренческие взгляды, поддерживаемые Конституцией Российской Федерации, оказались не включены в объект уголовно-правовой охраны.

Литература:

1. Арзамасов, Ю. Г. Роль мониторинга нормативных актов для систематизации российского законодательства/ Ю. Г. Арзамасов, Я.Е.Наконечный// Юридическая техника. – 2008. - №2. – С.31-36
2. Ковалев, М. И. Роль законодательной техники в конструировании норм уголовного законодательства/ М. И. Ковалев// Вопросы совершенствования уголовно-правовых норм на современном этапе: Межвуз.сб.науч.тр. – Свердловск, 1986
3. Козаченко, И. Я. Криминологическая обусловленность уголовно-правовых норм/ И.Я. Козаченко// Реагирование на преступность: концепции, закон, практика. – М.: РКА, 2002
4. Козлов, А. П. Механизм построения уголовно-правовых санкций: Монография/ А. П. Козлов. – Красноярск: Изд-во Красноярск.ун-та, 1998
5. Кузнецова Н. Ф. Социальная обусловленность уголовного закона// Правовые исследования. – Тбилиси, 1977
6. Лапунин, М. М. Классификация преступлений против конституционных прав человека и гражданина / М. М. Лапунин//Противодействие современной преступности: оценка эффективности уголовной политики и качества уголовного закона: Сб.науч.тр. /Под ред. Н.А.Лопашенко. – Саратов: Сателлит, 2010. – С.229-235
7. Лопашенко, Н. А. Уголовно-правовая политика в сфере охраны личности: проблемы и пути их преодоления/ Н. А. Лопашенко// Уголовно-правовая охрана личности и ее оптимизация: Докл.научно - практ. конф., г.Саратов, 20-21 марта 2003 г. – Саратов: Изд-во СГАП, 2003
8. Панченко, П. Н. Уголовный кодекс Российской Федерации как новое достижение законодательной техники и как предмет критического внимания/ П.Н.Панченко, Л.В.Быкадорова// Вестник ННГУ. Серия «Право». – 2000. - №1 (2)
9. Сайгашкин, А. Н. Уголовное право в механизме охраны прав и свобод человека и гражданина/ А. Н. Сайгашкин// Предмет уголовного права и его роль в формировании уголовного законодательства Российской Федерации: Докл.научно - практ. конф., г.Саратов, 25-26 апреля 2002 г. – Саратов: Изд-во СГАП, 2002

Павлушина А.А.
доктор юридических наук, профессор,
директор Института права ФГБОУ ВПО «Самарский государственный экономический университет»
Ланг П.П.
помощник судьи Арбитражного суда Самарской области, советник юстиции 3 класса, старший преподаватель кафедры государственно-правовых и общегуманитарных дисциплин НОАНО ВПО «Самарский институт бизнеса и управления»

НЕКОТОРЫЕ ТЕОРЕТИКО-ПРАВОВЫЕ АСПЕКТЫ ПРОИЗВОДСТВА ПО ДЕЛАМ О НЕСОСТОЯТЕЛЬНОСТИ (БАНКРОТСТВЕ)

Как показывает мировой опыт, рыночная экономика не может эффективно функционировать, в том числе без адекватного законодательства, регулирующего вопросы несостоятельности (банкротства).

Институт несостоятельности (банкротства) воссоздан в России в период становления и развития рыночной экономики для обеспечения экономической безопасности хозяйствующих субъектов, от недобросовестного поведения некоторых участников гражданского оборота, выраженного в неисполнении принятых на себя обязательств. Проблемы в правовой регламентации отношений несостоятельности (банкротства), в различном толковании рассматриваемых норм права в судебной практике, обуславливают незащищенность участников гражданских правоотношений.

Российское законодательство о несостоятельности (банкротстве) постоянно подвергается многочисленным изменениям и дополнениям, что в свою очередь свидетельствует о низкой качественной составляющей последнего, о его слабой эффективности.

Для последующего совершенствования правового регулирования отношений несостоятельности (банкротства), необходим теоретико-правовой анализ института несостоятельности, в частности следует определить место производства по рассмотрению дел о несостоятельности (банкротстве) в системе юридического процесса, определить общие цели института несостоятельности (банкротства), сформулировать характерные для данного правового явления признаки и особенности.

Цели отечественного института несостоятельности (банкротства) сформулированы законодателем в качестве целей отдельных процедур, применяемых в деле о банкротстве. Так согласно статье 2 Федерального закона «О несостоятельности (банкротстве)» от 26.10.2002 №127-ФЗ [2] финансовое оздоровление - процедура, применяемая в деле о банкротстве к должнику в целях восстановления его платежеспособности и погашения задолженности в соответствии с графиком погашения задолженности; внешнее управление - процедура, применяемая в деле о банкротстве к должнику в целях восстановления его платежеспособности; конкурсное производство - процедура, применяемая в деле о банкротстве к должнику, признанному банкротом, в целях соразмерного удовлетворения требований кредиторов; наблюдение - процедура, применяемая в деле о банкротстве к должнику в целях обеспечения сохранности его имущества, проведения анализа финансового состояния должника, составления реестра требований кредиторов и проведения первого собрания кредиторов, мировое соглашение – процедура, применяемая в деле о банкротстве на любой стадии его рассмотрения в целях прекращения производства по делу о банкротстве путем достижения соглашения между должником и кредиторами.

Обозначенные законодателем цели, в том числе восстановление платежеспособности должника, соразмерное удовлетворение требований кредиторов и так далее можно свести к одной общей цели – обеспечение баланса интересов участников гражданских правоотношений при несостоятельности (банкротстве) должника.

Данная правовая позиция также нашла свое отражение в Постановление Конституционного Суда Российской Федерации от 19.12.2005 N 12-П [4], в котором суд указал, в силу различных, зачастую диаметрально противоположных интересов лиц, участвующих в деле о банкротстве, законодатель должен гарантировать баланс их прав и законных интересов, что, собственно, и является публично-правовой целью института банкротства.

Производство по делам о несостоятельности (банкротстве) в юридическом процессе занимает особое место, то есть является особенной правовой процедурой.

Под правовой процедурой авторы понимают определенные правовые действия, установленные каким-либо нормативно-правовым актом, процессуального характера, внутри юридического процесса. Понятия юридический процесс и юридическая процедура следует рассматривать как общее и частное, форму и содержание. Юридическая процедура вне юридического процесса быть не может.

Исследование юридических процедур с использованием системного подхода было предпринято В.Н. Протасовым. По его мнению, юридическая процедура представляет собой систему, которая: а) ориентирована на достижение конкретного правового результата; б) состоит из последовательно сменяющих друг друга актов поведения и как деятельность внутренне структурирована правовыми отношениями; в) обладает моделью (программой) своего развития, предварительно установленной на нормативном или индивидуальном уровне; г) иерархически построена; д) постоянно находится в динамике, развитии; е) имеет служебный характер, выступает средством реализации основного, главного для нее правового отношения [7].

Процесс по делам о несостоятельности (банкротстве) как самостоятельный вид правовой процедуры обладает указанными выше признаками. Процесс по делам о несостоятельности (банкротстве) ориентирован на достижение конкретного правового результата – установление факта неплатежеспособности должника, восстановление платежеспособности должника, соразмерное удовлетворение требований кредиторов и тому подобное; состоит из последовательно сменяющих друг друга актов поведения – процессуальных действий, объединяемых в стадии в том числе процедур, применяемых в деле о несостоятельности (банкротстве), а именно наблюдения, финансовое оздоровление, внешнее управление, конкурсное производство, мировое соглашение; обладает установленной на законодательном уровне программой своего развития, постоянно находится в динамике, так Федеральный закон «О несостоятельности (банкротстве)» от 26.10.2002 №127-ФЗ [2] регулярно подвергается различным изменениям, например за последнее время данный закон пополнился нормами касательно оспаривания сделок должника, банкротства застройщиков, банкротства финансовых организаций и так далее.

Особенности рассмотрения дел данного вида производства, установлены главой 28 Арбитражного процессуального кодекса Российской Федерации [1] и федеральными законами, регулирующими вопросы несостоятельности (банкротстве). Специфика имеется в содержании заявления о несостоятельности (банкротстве) и прилагаемых документов, субъектном составе, объеме прав и обязанностей лиц, участвующих в деле о несостоятельности (банкротстве) и лиц, участвующих в арбитражном процессе по делу о несостоятельности (банкротстве), стадиях процесса, сроках рассмотрения дел, судебных актах, наличии обособленных споров в деле о несостоятельности (банкротстве), а именно требования кредиторов к должнику, оспаривание сделок должника, признание права собственности, оспаривание решений собрания кредиторов должника и многое другое.

Рассмотрим некоторые характерные особенности разбирательства по делам о несостоятельности (банкротстве).

Применительно к делам о несостоятельности (банкротстве) нормами Арбитражного процессуального кодекса Российской Федерации и Федерального закона «О несостоятельности (банкротстве)» установлена исключительная подведомственность арбитражному суду. Дела данной категории не могут быть переданы на рассмотрение третейского суда. Подсудность дел о несостоятельности (банкротстве) определяется по месту нахождения должника, подсудность не может быть изменена соглашением сторон. Исключением из данного правила является пункт 4 статьи 201.1 Федерального закона «О несостоятельности (банкротстве)» от 26.10.2002 №127-ФЗ [2], который устанавливает, что по ходатайству лица, участвующего в деле о банкротстве, арбитражный суд в праве передать дело о банкротстве застройщика на рассмотрение арбитражного суда по месту нахождения объекта строительства или земельного участка либо по месту жительства или месту нахождения большинства участников строительства, если арбитражным судом установлено, что такая передача будет способствовать более эффективной защите прав участников строительства.

Субъектный состав дел о несостоятельности (банкротстве) многочислен состоит из лиц, участвующих в деле и лиц, участвующих в арбитражном процессе по делу о банкротстве (статьи 34, 35 Федерального закона «О несостоятельности (банкротстве)»), а также, лица, участвующие в арбитражном процессе по делу о банкротстве финансовой организации (статья 183.18 Федерального закона «О несостоятельности (банкротстве)»); лица, участвующие в деле о банкротстве стратегических предприятий или организаций (статья 192 Федерального закона «О несостоятельности (банкротстве)»); лица, участвующего в деле о банкротстве субъектов естественных монополий (статья 198 Федерального закона «О несостоятельности (банкротстве)»); лиц, участвующих в деле о банкротстве застройщика (статья 201.2 Федерального закона «О несостоятельности (банкротстве)».

В соответствии с ранее действующим Федеральным законом «О несостоятельности (банкротстве)» от 08.01.1998 г. №6-ФЗ [3] к лицам, участвующим в деле относился прокурор в случае рассмотрения дела о банкротстве по его заявлению. Действующее законодательство, регулирующее вопросы несостоятельности (банкротстве) данных положений не содержит.

Лица, участвующие в деле о банкротстве и в арбитражном процессе по делам о банкротстве обладают правами и обязанностями предусмотренными как Арбитражным процессуальным кодексом Российской Федерации, так законодательством, регулирующем вопросы несостоятельности (банкротстве).

Выделяются следующие стадии производства по делу о несостоятельности (банкротстве): возбуждение дела о банкротстве, подготовка дела о банкротстве к судебному разбирательству, судебное разбирательство дела о банкротстве, обжалование и пересмотр судебных актов по делу о банкротстве, исполнение судебных актов. Каждая из указанных стадий обладают своими характерными особенностями, отличающими процедуру рассмотрения дел о несостоятельности (банкротстве) от других видов гражданского судопроизводства.

Так, например, при подготовке дела о банкротстве судья должен провести судебное заседание по проверке обоснованности требований заявителя к должнику; рассмотреть заявления, жалобы и ходатайства лиц, участвующих в деле о банкротстве; установить обоснованность требований кредиторов в порядке, определенном статьей 71 Федерального закона «О несостоятельности (банкротстве)»; принять меры по применению сторон, так же арбитражным судом по ходатайству лиц, участвующих в деле о банкротстве, может быть назначена экспертиза в целях выявления признаков фиктивного или преднамеренного банкротства. При этом предварительное заседание в делах о несостоятельности (банкротстве) не проводится.

Судебная деятельность по делам о несостоятельности (банкротстве) не осуществляется в рамках одного производства, для разбирательства по делам данной категории характерно наличие обособленных споров в рамках одного процесса. Данное положение нашло свое отражение в пункте 14 Постановления Пленума Высшего Арбитражного Суда Российской Федерации от 22.06.2012 г. №35 [5].

Такая дифференциация процесса также является одной из особенностей рассмотрения дел о несостоятельности (банкротстве).

К выводу о наличии дифференциации производства по делам о несостоятельности (банкротстве) также пришли Б.С. Бруско [6] и А.В. Солодилов [8].

Для рассматриваемой юридической процедуры характерно сочетание элементов судебного (юрисдикционного) и позитивного процессов.

Примером внесудебного производства в деле о несостоятельности (банкротстве) можно привести порядок созыва и проведения собрания кредиторов должника, принятия данным собранием решений, определяющих последующую судебную деятельности по всему делу о несостоятельности (банкротстве), в частности о введении финансового оздоровления, внешнего управления, об изменении срока проведения соответствующей процедуры и иных вопросов, отнесенных законодателем к исключительной компетенции собрания кредиторов должника.

Другими примерами неюрисдикционного процесса по делам о несостоятельности (банкротстве) могут послужить меры по восстановлению платежеспособности должника, продажа на торгах имущества должника, замещение активов должника и многое другое.

Таким образом, производство по рассмотрение дел о банкротстве является особой правовой процедурой юридического процесса, которая обладает характерными только ей особенностями и направлена на достижение свойственной только ей цели.

Литература (источники):

1. Арбитражный процессуальный кодекс Российской Федерации // СЗ РФ, 29.07.2002, N 30, ст. 3012
2. Федеральный закон «О несостоятельности (банкротстве)» от 26.10.2002, №127-ФЗ // СЗ РФ, 28.10.2002, №43, Ст.4190
3. Федеральный закон «О несостоятельности (банкротстве)» от 08.01.1998 N 6-ФЗ // СЗ РФ, 12.01.1998, N 2, ст. 222 (утратил силу)
4. Постановление Конституционного Суда РФ от 19.12.2005 N 12-П "По делу о проверке конституционности абзаца восьмого пункта 1 статьи 20 Федерального закона "О несостоятельности (банкротстве)" в связи с жалобой гражданина А.Г. Меженцева" // СПК Консультант Плюс
5. Постановление Пленума ВАС РФ от 22.06.2012 N 35 «О некоторых процессуальных вопросах, связанных с рассмотрением дел о банкротстве» // «Вестник ВАС РФ», N 8, август, 2012
6. Бруско Б.С. Категория защиты в российском конкурсном праве. М.: Волтерс Клувер, 2006
7. Протасов В.Н. Теоретические основы правовой процедуры: Автореф. дис… д-ра юрид.наук. М., 1993
8. Солодилов А.В. Спорные вопросы арбитражного процесса по делам о несостоятельности (банкротстве)// Арбитражный и гражданский процесс, 2010 №9

Томилов Н.О.
аспирант кафедры гражданского права и процесса ФГОУ ВПО «Сибирский институт управления – филиал Российской академии народного хозяйства и государственной службы при Президенте Российской Федерации»

УЧРЕЖДЕНИЕ КАК ОРГАНИЗАЦИОННО-ПРАВОВАЯ ФОРМА ГОСУДАРСТВЕННЫХ ОРГАНОВ И ОРГАНЫ МЕСТНОГО СМОУПРАВЛЕНИЯ: ПРОБЛЕМЫ НЕСООТВЕТСТВИЯ ФОРМЫ И СОДЕРЖАНИЯ

В настоящей статье автор попробуем ответить на следующие вопросы: допустимо ли применение к государственным органам и органам местного самоуправления организационно-правовой формы учреждения? В случае недопустимости как следует решать данную проблему?

В юридической литературе широко обсуждается вопрос о правовом статусе государственных органов и органов местного самоуправления (далее – органы власти) при вступлении в гражданские правоотношения. Публичный статус органов власти, способных определять правопорядок, в том числе пределы собственного участия в данных правоотношениях, входит в противоречие с существующим в них принципом равенства сторон. Для устранения данной коллизии органы власти наделены статусом юридического лица в форме учреждения. И тут сразу возникла новая проблема: нормы о юридических лицах не соответствуют правовому статусу органов власти, а нередко и мешают им осуществлять свои функции. Следует отметить, что в Федеральном законе от 21.07.2005 № 94-ФЗ «О размещении заказов на поставки товаров, выполнение работ, оказание услуг для государственных и муниципальных нужд» органы власти не называются учреждениями. Напротив, ч. 1 ст. 4 данного закона упоминает государственные органы, органы местного самоуправления, казенные учреждения и иные получатели бюджетных средств (которыми являются бюджетные учреждения) как разные виды государственных и муниципальных заказчиков. Применение норм об учреждениях к органам власти в отношениях, регулируемых указанным законом недопустимо из-за наличия существенных различий между ними.

В литературе нет единого подхода к определению статуса органов власти. Одни авторы придерживаются мнения, что организационно-правовая форма учреждения для данных субъектов соответствует их правовому статусу.

За то, что органы власти являются учреждениями, выступает М.И. Брагинский: «Наделенные правами юридического лица органы представляют собой с точки зрения ГК РФ обычное учреждение - один из видов некоммерческих организаций» [1,72]. Близкую точку зрения занимает А.Н. Шестаков, по мнению которого, военные организации, в том числе и войсковые части, являются учреждениями, вместе с тем им присущи признаки филиалов Министерства обороны Российской Федерации. Более того, он оценивает Общевоинские уставы Вооруженных Сил как общие положения о некоммерческих организациях в том смысле, в котором они понимаются в ст. 52 ГК РФ [2,44].

Как мы видим, последователи данной точки зрения не видят проблемы в определении органов власти как учреждений. Они видят только, что за органами власти официально закреплена форма учреждения, они выступают в имущественных отношениях как обычные некоммерческие организации.

Однако данный подход не учитывает несоответствие норм об учреждении статусу органов власти. Отсюда возникает правовая неопределенность статуса этих органов, создающая проблемы для их деятельности.

В литературе также имеется мнение о недопустимости применения организационно-правовой формы учреждения к органам власти.

Например, О.Ю. Усков пишет: «...статус этих органов даже формально не соответствует организационно-правовой форме учреждения: они не имеют (и не могут иметь) учредительных документов (ст. 52 ГК РФ), неясно также, кто является их учредителем» [3,30].

Схожей позиции придерживается И.В. Никифоров, который констатирует отсутствие единых правовых норм, регулирующих положение государственного органа как юридического лица [4,342].

Следует согласиться с данным подходом. Учреждения и органы власти являются разными субъектами гражданского права, следовательно, их деятельность регулируют разные нормы. По нашему мнению, именно противоречие этих норм является основанием для недопустимости применять форму учреждения к органам власти. Следует более детально рассмотреть, в чем заключаются данные противоречия.

В части 5 статьи 1 Федерального закона от 12.01.1996 № 7-ФЗ «О некоммерческих организациях» (далее - ФЗ «О некоммерческих организациях») указано, что действие настоящего Федерального закона не распространяется на органы государственной власти, иные государственные органы, органы управления государственными внебюджетными фондами, органы местного самоуправления, а также на автономные учреждения, если иное не установлено федеральным законом. Получается, что нормы обо всех некоммерческих организациях, кроме автономных учреждений, не распространяются на государственные и муниципальные органы.

Согласно ч. 1 ст. 7 Федерального закона от 03.11.2006 № 174-ФЗ «Об автономных учреждениях» (далее – ФЗ «Об автономных учреждениях») учредительным документом автономного учреждения является устав, утверждаемый его учредителем.

Органы власти действуют в соответствии с Положениями, утвержденными органами, действующими от лица учредителя, то есть публично-правового образования. Данные Положения не соответствуют требованиям, предъявляемым к учредительным документам (уставу) автономных учреждений. Следует согласиться с мнением А. Волкова, что положения, а равно иные документы о компетенции государственных и муниципальных органов рассчитаны на применение в рамках публично-правовых отношений, а потому соответствие указанных документов нормам гражданского законодательства зачастую невозможно [5,10].

Решение о создании автономного учреждения принимается Правительством РФ на основании предложений федеральных органов исполнительной власти, высшим исполнительным органом государственной власти субъекта РФ или местной администрацией муниципального образования (ч. 2, 3 ст. 5 ФЗ «Об автономных учреждениях»). Однако органы власти создаются вышестоящими органами. Порядок реорганизации и ликвидации автономных учреждений и органов власти также различен.

Таким образом, по мнению автора, не вызывает сомнения наличие несоответствия организационно-правовой формы учреждения статусу органов власти. Попробуем рассмотреть несколько способов решения данной проблемы.

Можно попробовать применять к органам власти иную организационно-правовую форму.

Органы власти участвуют в гражданских правоотношениях только для решения поставленных перед ними задач, а не для извлечения прибыли. Следовательно, эти органы не могут быть коммерческими организациями. Не могут они быть и некоммерческими организациями, т.к., в соответствии с указанной выше ч. 5 ст. 1 ФЗ «О некоммерческих организациях», настоящий закон не распространяется на органы власти.

Таким образом, ни одна из существующих в гражданском законодательстве организационно-правовых форм не может применяться к таким субъектам гражданского права, как органы власти.

А могут ли они действовать без организационно-правовой формы?

В литературе существует однозначное мнение, что юридическое лицо не может существовать без организационно-правовой формы.

Как указывает В.Н. Артемов, «любое юридическое лицо участвует в гражданском обороте в какой-то определенной организационно-правовой форме, и без определения такой формы не может быть обозначен правовой статус данного субъекта права» [6,112]. По мнению В.А. Болдырева, «невозможно существование юридического лица как участника конкретных правоотношений вне организационно-правовой формы» [7,51]. Данная мысль четко прослеживается в составленном О.А. Серовой термине «организационно-правовая форма юридического лица» -

индивидуализирующая совокупность признаков конкретных правовых моделей классификационных видов юридического лица, определяющих назначение и сферу их применения в обороте [8,56]. По нашему мнению, юридическое лицо не может существовать без организационно-правовой формы, т.к. она определяет права и обязанности конкретного юридического лица, пределы его ответственности, правовой режим имущества юридического лица и др.

Существует и концептуально иной подход к решению проблемы наличия организационно-правовой формы у органов власти. Так, А. Бердашкевич полагает, что ««Обладать правами юридического лица» вовсе не означает «быть юридическим лицом». Правовой статус субъекта, обладающего правами юридического лица, отличен от правового статуса юридического лица. Для последнего должна быть найдена соответствующая организационно-правовая форма. Для субъекта, лишь обладающего правами юридического лица, но юридическим лицом не являющегося, это не обязательно» [9,32]. В своем умозаключении автор не одинок, с ним солидарны С. Зинченко и В. Галов: «Понятия «субъект, являющийся юридическим лицом» и «субъект с правами юридического лица» не тождественны. Примером последнего может быть распространение на индивидуального предпринимателя положений о юридическом лице, которые реализуются отчасти (п. 3 ст. 23 ГК РФ)» [10,109]. Действительно, зачем дискутировать о виде организационно-правовой формы для органов власти, как юридических лицах, если они таковыми не являются, а лишь обладают правами юридического лица.

В литературе широко обсуждается вопрос об официальном введении института юридического лица публичного права.

Первым данный вопрос рассмотрел в своих работах В.Е. Чиркин, предложив включить само понятие юридического лица публичного права в конституционное или административное законодательство путем принятия общего Закона о юридических лицах [11,77].

Активным сторонником позиции законодательного закрепления института юридического лица публичного права является В.П. Мозолин, считающий необходимым ввести данный институт в ГК РФ [12,3]. Его поддерживает В.И. Лафитский, считающий, что «кодекс должен обозначить деление юридических лиц на юридические лица частного права и юридические лица публичного права ... необходимо также издание специального общего закона о юридических лицах публичного права» [13,108].

Однако сторонники настоящего подхода не уточняют, к каким последствиям могут привести кардинальные изменения в ГК РФ или введение нового федерального закона о юридических лицах публичного права. Ведь это потребует внесения изменений в другие нормативные правовые акты для приведения их в соответствие. При этом не ясно, какую фактическую пользу принесут такие изменения.

Существует противоположный подход к идее о введении института юридического лица публичного права.

По мнению Е.А. Суханова «авторы, отстаивающие необходимость этой конструкции, обычно пренебрегают тем обстоятельством, что в отечественном гражданском праве, в отличие от германского гражданского права, отсутствие юридических лиц публичного права традиционно восполняется признанием самостоятельной гражданской правосубъектности за публично-правовым образованием в целом. В конечном итоге все это приводит к выводу об отсутствии практической потребности в признании российским гражданским правом категории юридического лица публичного права» [14,4]. Практической потребности в этом действительно не прослеживается. Напротив, внедрение в отечественное законодательство чуждого для него института может привести только к необоснованным осложнениям.

Органы власти в литературе и законодательстве уже давно признаются самостоятельными субъектами гражданского права. Об этом пишет С.П. Гришаев: «Российская Федерация, ее субъекты и муниципальные образования участвуют в гражданских правоотношениях как субъекты со специальной правоспособностью, которая в силу их особой природы не совпадает с правоспособностью других субъектов гражданского права - граждан и юридических лиц, преследующих частные интересы» [15, 102-103].

Выше неоднократно было сказано, что конструкция юридического лица не сводится с органами власти и даже создает проблемы для них. Выше уже было установлено, что организационно-правовая форма учреждения, которую приписывают органам власти, не соответствует их правовому статусу. Применение других форм также недопустимо. В ст. 124 ГК РФ Российская Федерация, субъекты РФ и муниципальные образования указаны, как самостоятельные субъекты гражданского права, к которым применяются нормы о юридических лицах, если иное не вытекает из закона или особенностей данных субъектов. Придания им статуса юридического лица является полным противоречием с нормами ГК РФ. Так почему же аналогичные нормы не могут распространяться на органы власти. На наш взгляд, органы власти должны быть самостоятельными субъектами гражданского права и для этого следует ввести в ГК РФ главу 5.1 «Участие государственных органов и органов местного самоуправления в отношениях, регулируемых гражданским законодательством», в которой на органы власти распространялись бы нормы, аналогичные нормам в главе 5 ГК РФ, в том числе нормы ст. 124. Также, следует убрать определение публичных органов, как юридических лиц из всех имеющихся законов и подзаконных актов.

Библиографический список:

[1] Брагинский М.И. Участие органов исполнительной власти в отношениях, регулируемых гражданским законодательством / М.И. Брагинский // Право и экономика. - 2001. - № 7. - С. 72 - 73.
[2] Шестаков А.Н. Гражданско-правовая природа воинской части / А. Шестаков // Законность. - 2000. - № 2. - С. 43 - 47.
[3] Усков О.Ю. Проблемы гражданской правосубъектности государственных органов и органов местного самоуправления / О.Ю. Усков // Журнал российского права. - 2003. - № 5. - С. 27 - 36.
[4] Гражданское право: Учебник. В 3 т. Т. 1 / Под ред. А.П. Сергеева. – М.: ТК «Велби». – 2008. – 765 с.
[5] Волков А. Нетипичные субъекты гражданского оборота / А. Волков // ЭЖ-Юрист. - 2012. - № 11. - С. 10.
[6] Артемов В.Н. Органы местного самоуправления как субъекты гражданского права / В.Н. Артемов // Хоз-во и право. - 2003. - № 3. - С. 112 - 114.
[7] Болдырев В.А. Юридические лица - несобственники в системе субъектов гражданского права: монография / под ред. В.А. Сысоева. - Омск: Омская академия МВД России, 2010. - 340 с.
[8] Серова О.А. Теоретико-методологические и практические проблемы классификации юридических лиц современного гражданского права России: автореф. дис. … док. юр. наук: 12.00.03 / Серова Ольга Александровна. - М., 2011. - 67 с. - Библиогр.: с. 53 - 66.
[9] Бердашкевич А. Органы государственной власти как юридические лица / А. Бердашкевич // Законность. - 2000. - № 11. - С. 30 - 32.
[10] Галов В., Зинченко С. Юридическое лицо и правовой статус органов государственного управления (вопросы соотношения) / С. Зинченко, В. Галлов // Хоз-во и право. - 2006. - № 10. - С. 102-109.
[11] Чиркин В.Е. Юридическое лицо публичного права: Монография / В.Е. Чиркин. - М.: Норма, 2007. - 352 с.
[12] Лафитский В.И., Мозолин В.П. О статусе Российской академии наук, Банка России и других юридических лиц в связи с проектом новой редакции Гражданского кодекса РФ / В.И. Лафитский, В.П. Мозолин // Законодательство и экономика. – 2011. – № 1. – С. 5 - 10.
[13] Лафитский В.И. К вопросу о юридических лицах публичного права / В.И. Лафитский // Журнал российского права. – 2011. – № 3. – С. 103 - 108.
[14] Суханов Е.А. О Концепции развития законодательства о юридических лицах / Е.А. Суханов // Журнал российского права. – 2010. – № 1. – С. 5 - 12.
[15] Гришаев С.П. Российская Федерация как участник гражданских правоотношений / С.П. Гришаев // Хозяйство и право. – 2010. – № 6. – С. 102 - 109.

www.ingramcontent.com/pod-product-compliance
Lightning Source LLC
Chambersburg PA
CBHW051642170526
45167CB00001B/296